TURING

图灵教育

站在巨人的肩上

Standing on the Shoulders of Giants

TURING

图灵教育

站在巨人的肩上

Standing on the Shoulders of Giants

TURING 图灵程序设计丛书

GitHub 入门与实践

[日] 大塚弘记 / 著
支鹏浩 刘 斌 / 译

人民邮电出版社
北 京

图书在版编目（CIP）数据

GitHub入门与实践 /（日）大塚弘记著；支鹏浩，刘斌译. -- 北京：人民邮电出版社，2015.7（2021.6重印）
（图灵程序设计丛书）
ISBN 978-7-115-39409-5

Ⅰ. ①G… Ⅱ. ①大… ②支… ③刘… Ⅲ. ①软件工具—程序设计 Ⅳ. ①TP311.56

中国版本图书馆CIP数据核字(2015)第112943号

内 容 提 要

本书从Git的基本知识和操作方法入手，详细介绍了GitHub的各种功能，GitHub与其他工具或服务的集成，使用GitHub的开发流程以及如何将GitHub引入到企业中。在讲解GitHub的代表功能Pull Request时，本书专门搭建了供各位读者实践的仓库，邀请各位读者进行Pull Request并共同维护。

本书旨在指导各位读者如何在开发现场使用GitHub进行高效开发，适合所有想要使用GitHub进行开发的程序员或团队阅读。

◆ 著　　　　[日]大塚弘记
译　　　　支鹏浩　刘斌
责任编辑　乐　馨
执行编辑　高宇涵
责任印制　杨林杰

◆ 人民邮电出版社出版发行　　北京市丰台区成寿寺路11号
邮编　100164　　电子邮件　315@ptpress.com.cn
网址　https://www.ptpress.com.cn
固安县铭成印刷有限公司印刷

◆ 开本：880×1230　1/32
印张：8.75
字数：260千字　　　　2015年7月第1版
印数：25 901－26 500册　　　　2021年6月河北第26次印刷

著作权合同登记号　图字：01-2015-1263号

定价：49.80元

读者服务热线：(010)84084456　印装质量热线：(010)81055316
反盗版热线：(010)81055315
广告经营许可证：京东市监广登字20170147号

● 译者序

“开源”一词在我国 IT 界已经出现了不少年头，但“社会化编程”想必没有多少人接触过。于是在阅读正文之前，容我越俎代庖替作者问一个问题：各位在狭小的空间里呆上一段时间之后，再出门时是否有一种豁然开朗的感觉？相信很多人的答案都是肯定的。对于对日外包出身的我来说，“社会化编程”就给了我这种感觉。或许外包行业在 IT 界只是极端个例，但“让全世界码农看自己的代码”这种事，很多人恐怕想都不敢想吧。

GitHub 正是这样一个平台，我们在这里可以与全世界的开源开发者交流代码或心得。如果您对某款开源软件的源代码感兴趣，如果您想为中意的软件出一份力，如果您自己编写了小程序却苦苦找不到人指点，如果您想跟慕名已久的 IT 界明星（俗称“大神”）聊上几句，那么 GitHub 欢迎您。

GitHub 的纯英文界面或许会令您望而却步，不过不用担心，本书秉承了日系技术书刊一贯的“手把手教学”风格，作者用亲切的语言，简明扼要的介绍，配以生动详实的示例为我们一步步讲解 GitHub 的使用方法，带我们在实践中学习 GitHub。值得一提的是，本书配有一个供各位实践的网站，请感兴趣的读者务必一试。俗话说“读万卷书不如行万里路”，跟着作者一边实践一边阅读本书，相信各位会对这句话有一个更深刻的体会。

有些读者可能要问了，代码是企业的财产，不能随便发到网上给别人看，那 GitHub 对工作又有什么意义呢？这一点作者自然考虑到了。GitHub 面向社会化编程，我们所生活的是一个大社会，我们工作的企业同样是一个小社会，虽然不能强行导入“社会化编程”，但其管理模式仍然值得借鉴。所以如果您是企业的决策者，那么请在本书后半跟随作者一起探讨企业导入社会化编程的利弊，说不定能为您所在的企业带来新的利益。

《GitHub 入门与实践》是国内比较少见的对 GitHub 及社会化编程进行系统介绍的书籍。以往我们对于这方面知识，只能通过网络上零零散散的博客或技术文档进行片面了解，难以把握其全貌。各位读完这本书后相信能得到不少帮助。

最后，对另一位帮忙搭建本书相关网站的译者以及图灵文化的各位编辑致以衷心的感谢，正是有了各位的共同努力，本书才得以出版。同时感谢正在阅读本书的您，有了您的支持，本书才能发挥其价值。

支鹏浩

2015 年 4 月 于北京

● 序言

当今世界有众多开发者在使用 GitHub 进行开发。本书旨在指导各位读者在开发现场如何使用 GitHub 进行高效开发。因此，书中除针对 GitHub 进行讲解外，也涉及了开发流程及相关辅助工具的解说。

您在开发现场有没有遇到过以下几件事？

- 代码审查不到位，审查效率低下
- 只有编程者本人能看懂的代码、可靠性不高的代码直接被部署至正式环境中
- 因键入错误、理解错误而造成的低级代码错误导致 BUG 频繁出现
- 没有机会和其他人互相交流代码，共享知识，相互学习、指正、改善
- 没有一个简单高效、能在一天之内添加多个功能的开发流程

GitHub 为我们提供了解决这些问题的机会和功能，而本书则凝练了各种运用 GitHub 的诀窍。

笔者曾为多家企业引入 GitHub，改善其开发流程。本书总结了这些经验，相信能为改善您的开发现场提供一些帮助。

•……谢辞

本书在编撰过程中得到了多方的大力支持。特此鸣谢 @yamanetoshi、增田贵士（@masutaka）、bakorer、山科佑贵、寺田涉、Tatsuma Murase、杉野康弘、泽义和（排名不分先后）。

另外，长期以来，技术评论社的池田大树为本书的编辑与整理尽心尽力，在此由衷地表示感谢。

2014 年 2 月　大塚弘记

● 本书结构

本书由 10 章及 2 个附录构成。

第 1 章：欢迎来到 GitHub 的世界

讲解 GitHub 是什么，以及有哪些革新之处。在开源软件的世界中，GitHub 为开发者带来了革命性的社会化编程概念。在这里我们将会接触这一概念，并对其带来的优势与功能进行讲解。

第 2 章：Git 的导入

要使用 GitHub，离不开 Git 这一版本管理系统。本章将深入介绍关于 Git 的知识，加深各位对 Git 的理解，同时说明实际操作的相关流程。

第 3 章：使用 GitHub 的前期准备

使用 GitHub 需要开设账户（免费），因此我们将按照顺序为您讲解正式使用前需要进行的一系列设置。

另外，本章还会讲解包括操作示例在内的，实际在 GitHub 上创建仓库并发布代码的相关流程。

第 4 章：通过实际操作学习 Git

在实际操作中学习使用 GitHub 时所必需掌握的 Git 的基本知识和操作方法。

从最基本操作到多人开发时所需的复杂操作，读者都可以随着本章的讲解简单实践一番。

第 5 章：详细解说 GitHub 的功能

本章我们将以图配文，对 GitHub 的功能逐一进行讲解，同时还会详细解说其作为源代码查看器的功能，带您领略方便快捷的 UI。

建议正在使用 GitHub 的开发者也读一读本章，您或许会发现一些将来能用到的小技巧。

第 6 章：尝试 Pull Request

Pull Request 是 GitHub 的代表功能，本章我们将带您亲自动手体会。请务必参考本书内容试着进行一次 Pull Request。

第 7 章：接收 Pull Request

站在仓库维护方的角度，教您在接到 Pull Request 之后应该如何考虑，如何判断，以及该进行哪些操作。

第 8 章：与 GitHub 相互协作的工具及服务

前半部分为您讲解通过 CLI 对 GitHub 进行操作时所需的 hub 命令。另外，在持续集成环境方面，将讲解可与 GitHub 结合使用的 Travis CI 及 Jenkins 的构建及设定方法。

除此之外，本章还会介绍一些能够与 GitHub 共同使用的服务。

第 9 章：使用 GitHub 的开发流程

详细讲解以 GitHub 为中心进行开发的 GitHub Flow、Git Flow 两个开发流程。从两者共通的团队开发心得到各自开发流程的特征，都可以通过本章的讲解实际动手体会。

第 10 章：将 GitHub 应用到企业

总结在企业中采用 GitHub 时需要考虑的问题及一些有用的信息。安全保障、故障信息、事前需要考虑的问题、GitHub Enterprise 的讨论等，这些实际引入 GitHub 时需要考虑或者了解的知识将在本章中进行讲解。

附录 A：辅助 GitHub 的 GUI 客户端

团队中并不是每个人都对 CLI 得心应手。因此，我们为读者总结了辅助 GitHub 的 GUI 客户端的相关知识。

附录 B：通过 Gist 轻松实现代码共享

Gist 能帮助开发者轻松与其他人共享简单的代码示例或日志，我们将在这部分对 Gist 进行讲解。利用 Gist 可以轻松管理日常的小代码片段。

本书内容以敝社《WEB+DB PRESS》Vol.69 的特辑《详解 GitHub——使用 Pull Request 打造高效率的软件开发》[①]为基础，进行大篇幅扩展与修正后作为图书出版。

本书的操作示例是在以下环境中进行的。

- OS X 10.9.1
- git 1.8.5.2

部分 Windows 相关解说中使用了 Windows 8。另外，GitHub 相关解说皆以 2014 年 2 月时的版本为基准。

由于环境和时期不同，操作顺序、页面、运行结果可能会存在差异。

本书中出现的示例仓库，现阶段主要由译者及尝试 Pull Request 的各位读者进行维护。但是在本书出版后，随着时间推移，可能会发生反应变慢甚至没有反应的情况。烦请参照第 7 章的内容以及关于示例仓库的讲解，一同努力维护。

对于您应用本书内容所产生的后果，本书作者、软件开发方及供应方、技术评论社、人民邮电出版社及译者概不负责，特在此声明。

关于本书的补充信息与勘误等，请参考以下网址。
http://www.ituring.com.cn/book/1581

① 詳解 GitHub——Pull Request が織りなす効率的ソフトウェア開発，WEB+DB PRESS vol.69，技术评论社。——译者注

目录

第1章

欢迎来到GitHub的世界

本章将为您讲解 GitHub 是什么，以及为什么全世界的开发者都在使用它。同时，还会带您一起考察 GitHub 为开源软件世界带来了怎样的变革。

1.1　什么是 GitHub

GitHub 是为开发者提供 Git 仓库的托管服务。这是一个让开发者与朋友、同事、同学及陌生人共享代码的完美场所。

● GitHub 公司与 octocat

GitHub 公司总部位于美国旧金山，拥有一只不知是章鱼还是猫的吉祥物 octocat（图 1.1）。图 1.2 中是被改编成各种造型的 octocat 们[①]。

图 1.1　octocat

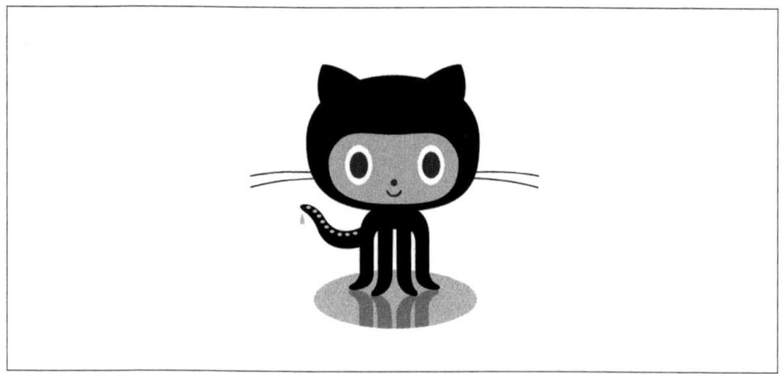

① http://octodex.github.com/

图 1.2 octocats

● 并不只是 Git 仓库的托管服务

GitHub 除提供 Git 仓库的托管服务外，还为开发者或团队提供了一系列功能，帮助其高效率、高品质地进行代码编写。这些功能将从下一章开始详细讲解。

GitHub 的创始人之一 Chris Wanstrath 曾有个愿望，那就是能有一个 Git 仓库的托管服务让自己与朋友轻松分享代码，而这便成为了 GitHub 诞生的契机。不过，他也曾经表示：Git 仓库的托管服务是 GitHub 项目的目标之一，这只是漫长路程上的一个点而已[①]。

● GitHub 的使用情况

截至 2013 年 12 月，GitHub 托管的仓库数已超过 1000 万[②]。全世界

① http://www.slideshare.net/rubymeetup/inside-github-with-chris-wanstrath

② https://github.com/features/hosting

每时每刻都有开发者在使用它。

Column

专栏：GitHub 与 Git 的区别

在此讲解一下 GitHub 与 Git[注 a] 的区别。GitHub 与 Git 是完全不同的两个东西。本书中，自始至终都以 GitHub 和 Git 的方式区分描述。

在 Git 中，开发者将源代码存入名叫“Git 仓库”的资料库中并加以使用。而 GitHub 则是在网络上提供 Git 仓库的一项服务。

也就是说，GitHub 上公开的软件源代码全都由 Git 进行管理。理解 Git，是熟练运用 GitHub 的关键所在。Git 的相关知识，我们将在第 2 章中为您详细讲解。

注 a　http://git-scm.com

1.2 使用 GitHub 会带来哪些变化

GitHub 的出现已使当今世界的软件开发现场发生了翻天覆地的变化。在这场可称之为革命的变革当中，中国也毫不例外地受到了影响。本章中，我们将简单介绍将 GitHub 导入日常开发后会带来哪些变化，供尚未正式使用 GitHub 的开发者们加以了解。

● 协作形式变化

此前，用于辅助多人协同工作的软件层出不穷，然而它们中的大部分又一个个退出了历史的舞台。在这类软件中，群件（Groupware）和 CRM（Customer Relationship Management，顾客关系管理）等脱颖而出，被全世界的商业人士所用。您所在的公司想必也导入了这类软件。

但是，在以程序员为代表的软件开发者之间，一直都没有一个用来辅助多人协同编程的关键性软件。因此软件开发者们往往要将版本管理系统、BUG 跟踪系统、代码审查工具、邮件列表、IRC 等众多工具组合在一起，以实现多人协作。

开发者们已对这种软件开发协作模式司空见惯，然而 GitHub 的出现为其带来了巨大变化。下面，我们就来介绍 GitHub 的几项功能。

●……在开发者之间引发化学反应的 Pull Request

在 GitHub 这个聚集了世界各地软件开发者的地方，有个在过去绝对是无法想象的事正在飞速地进行着——素未谋面的开发者们隔着半个地球的距离共同开发软件。我们不妨称之为开发者之间的化学反应吧。这种事成为可能，都要归功于一个名为 Pull Request 的功能（图 1.3）。

图 1.3 Pull Request 的页面

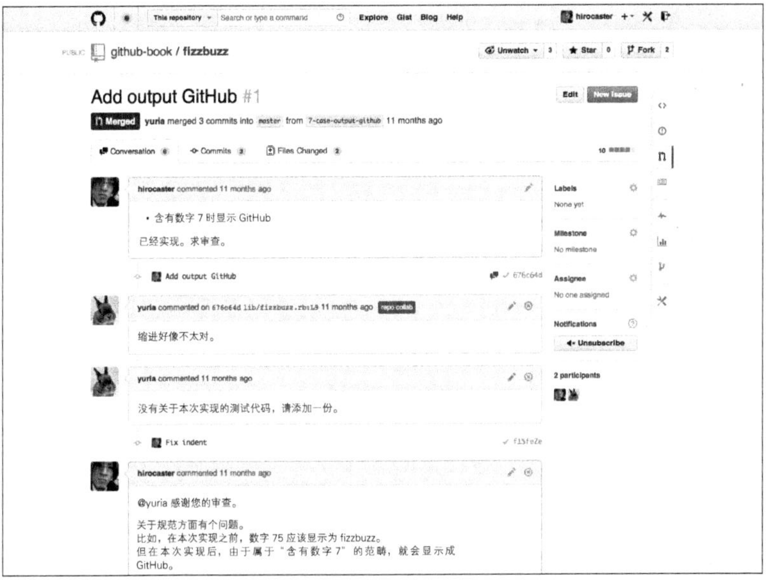

Pull Request 是指开发者在本地对源代码进行更改后，向 GitHub 中托管的 Git 仓库请求合并的功能。开发者可以在 Pull Request 上通过评论交流，例如“修正了 BUG，可以合并一下吗?”以及“我试着做了这样一个新功能，可以合并一下吗?”等。通过这个功能，开发者可以轻松更改源代码，并公开更改的细节，然后向仓库提交合并请求。而且，如果请求的更改与项目的初衷相违，也可以选择拒绝合并。

GitHub 的 Pull Request 不但能轻松查看源代码的前后差别，还可以对指定的一行代码进行评论（图 1.4）。通过这一功能，开发者们可以针对具体的代码进行讨论，使代码审查的工作变得前所未有地惬意。

图 1.4 针对某行代码进行评论的实际截图

```
lib/fizzbuzz.rb                                   show inline notes  View
@@ -6,6 +6,8 @@ def calculate number
 6  6        'fizz'
 7  7      elsif number % 5 == 0
 8  8        'buzz'
    9  +    elsif number.to_s.include? '7'
```

yuria added a note 11 months ago repo collab

缩进好像不太对。

Add a line note

```
   10  +      'GitHub'
 9 11      else
10 12        number
11 13      end
```

●········ 对特定用户进行评论

方便和快捷并不是 Pull Request 的专利。任务管理和 BUG 报告可以通过 Issue 进行交互。如果想让特定用户来看，只要用“@ 用户名”的格式书写，对方便会接到通知（Notifications）①，查看 Issue（图 1.5）。由于也提供了 Wiki 功能，开发者可以轻松创建文档，进行公开、共享。Wiki 更新的历史记录也在 Git 中管理，可以让用户轻松更改。

图 1.5 写有“@ 用户名”的评论截图

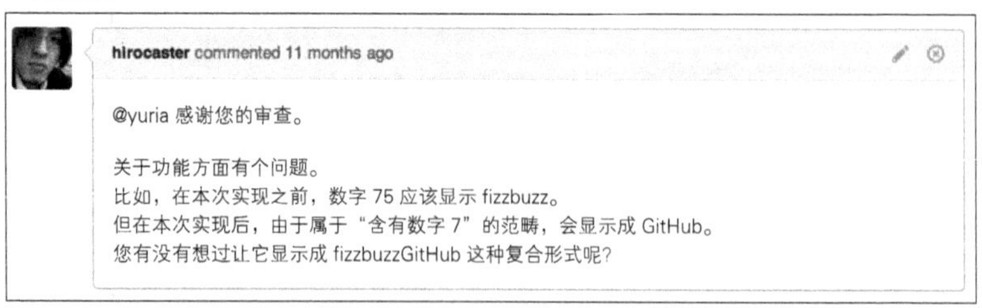

hirocaster commented 11 months ago
@yuria 感谢您的审查。
关于功能方面有个问题。
比如，在本次实现之前，数字 75 应该显示 fizzbuzz。
但在本次实现后，由于属于“含有数字 7”的范畴，会显示成 GitHub。
您有没有想过让它显示成 fizzbuzzGitHub 这种复合形式呢？

① 通知的相关知识将在第 5 章中详细讲解。

●……… GitHub Flavored Markdown

在 GitHub 上，用户所有用文字输入的功能都可以用 GitHub Flavored Markdown（GFM）语法进行描述。这个语法可以让标记变得简单，以此写出的评论与文档也会更容易理解。只记住一个语法便能在多种交流中使用，何乐而不为呢[①]？它还有一个很特别的功能，那就是可以在评论中添加文字表情，使用户间的交流更加顺利。

随着 GitHub 的普及，正在有越来越多的服务开始兼容 Markdown 语法。

Column

专栏：还可以这样写 !!

GitHub 中可使用的描述方法并不止“@ 用户名”一种。

输入“@ 组织名”可以让属于该 Organization（组织）的所有成员收到通知[注a]。输入“@ 团队名”可以让该团队的所有成员收到通知。这就是同时向多人发送通知的方法。

输入“# 编号”，会连接到该仓库所对应的 Issue 编号。输入“用户名 / 仓库名 # 编号”则可以连接到指定仓库所对应的 Issue 编号。只要按照这类特定格式书写便会自动创建链接。

多加利用上述这些功能，可以让交流更有效率。

注 a　Organization 的详细内容将在第 10 章中进行讲解。

● 能看到更多其他团队的软件

GitHub 快捷的环境为开发者带来的合作伙伴，并不只局限于自己团队内部。只要将感兴趣的仓库添加至 Watch 中，就可以在 News Feed 查看该仓库的相关信息（图 1.6）。

① 第 3 章和第 5 章还会有 GFM 的相关讲解。

图 1.6 在 News Feed 中查看各仓库信息

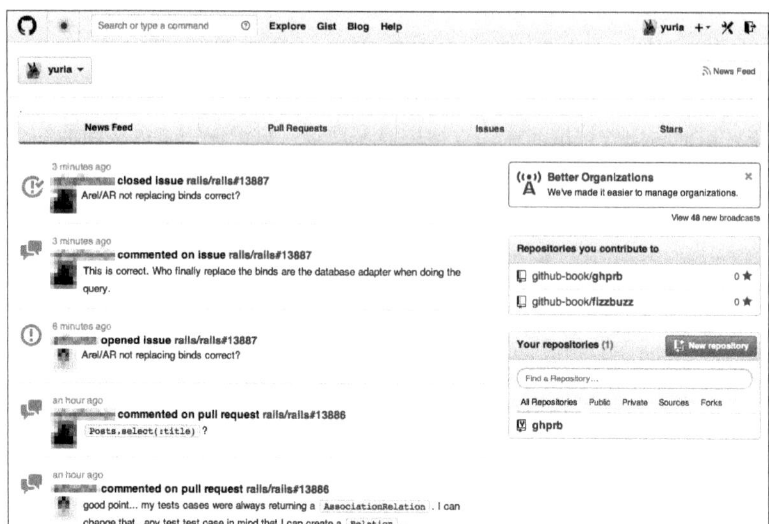

比如，将全公司共用代码库的仓库添加到 Watch 中，便能在第一时间掌握最新版本的新功能或 BUG 修正的信息。当然，您也可以参与到讨论中去，积极地提出意见。如有必要，还可以通过 Pull Request 提交代码。

将隔壁团队正在开发的仓库添加到 Watch 中，就可以每天查看他们都在开发什么功能。一旦发现有用的功能或者库，可以立刻运用到自己的开发团队。如果能进一步交流，分割出共用的库，从而建立起新的仓库，便成了不同开发者团队间协作的美谈。

● 与开源软件相同的开发模式

将 GitHub 运用到企业中，便会带来与开源软件开发相同的开发模式。已经熟悉开源软件开发的开发者不必专门去学习企业独自采用的工具，就可以直接加入到开发行列。

反过来说，只要在企业中运用 GitHub，即便是刚刚入职成为程序员的应届毕业生，也可以很快投身到开源软件开发的世界中。

也就是说，开源软件世界的软件开发与企业内的软件开发将不再有隔阂。在某些企业中，这两者的区别恐怕就是仓库公开与否的区别了。

1.3 社会化编程

GitHub 这一服务，为开源世界带来了社会化编程的概念。这一概念影响了全世界众多程序员，说其是软件开发方法的一次革命都不为过。在这里，我们将详细解说社会化编程的概念。

您听过 SOCIAL CODING（以下称为社会化编程）这个词吗？如果没有，那么您见过图 1.7 的 LOGO 吗？

这是 GitHub[①] 曾经使用过的 LOGO。上面附带着 SOCIAL CODING 这一副标题。2013 年 4 月起，GitHub 开始使用图 1.8 中的 LOGO。

图 1.7 GitHub 曾经的 LOGO

图 1.8 GitHub 的新 LOGO

GitHub

GitHub 这一服务创造了社会化编程的概念。随着 GitHub 的出现，软件开发者们才真正意义上拥有了源代码。世界上任何人都可以比从前更加容易地获得源代码，将其自由更改并加以公开。如今，世界众多程序员都在通过 GitHub 公开源代码，同时利用 GitHub 支持着自己日常的软件开发。

在 GitHub 出现之前，软件开发中只有一小部分人拥有更改源代码的权利，这个特权阶级掌握着开发的主导权。开发者在改写、发布源代

① https://github.com/

码之外，往往需要花更多时间和精力去说服这个特权阶级。这导致了许多起初效率很高的流行软件越发保守化，最终被时代所抛弃。

但是，GitHub 的出现为软件开发者的世界带来了真正意义上的“民主”，让所有人都平等地拥有了更改源代码的权利。这在软件开发领域是一场巨大的革命。而革命领导者 GitHub 的口号便是“社会化编程”。

接下来，我们将深入理解引发这场革命的社会化编程，同时为您讲解其原动力——GitHub 这一服务的相关概要。GitHub 各个功能将在第 3 章之后为您详细介绍。

1.4 为什么需要社会化编程

当今的 IT 业界已经没有了终身雇佣制，人才流动性日益增大。可以说，每个月我们都能在一些著名开发者的博客中看到这种现象：月末刚发布“辞职了”的消息，月初就又“入职了”。

那么，如果您是程序员的面试官，两者之间您会选择哪一位呢？

- 能查看到以前所写代码的程序员 or 无法查看的程序员
- 精通最新软件的程序员 or 不精通的程序员
- 对语言或软件差异带来的不同文化有所理解的程序员 or 不理解的程序员

为了不成为后一种程序员，理解社会化编程和 GitHub 至关重要。

● 不要闭目塞听，要接触不同的文化

在工作中接触非公开代码的职业程序员们，更应该接触世界上的不同文化，拓展见闻。如果只在公司这一封闭的小世界中敲代码，往往在不知不觉间，手中的技术就变得陈腐不堪了。

放眼世界，注意那些日新月异的源代码、技术、设计以及文化，会对自己编写的源代码及成果带来巨大影响。笔者自身也曾在知名框架的

实现中受到启发，良好地实现了公司内部开发的软件。

● 会写代码的程序员更受青睐

在软件开发行业中，Web 业界的变化尤其激烈，能实际编写源代码的程序员大受青睐。

在过去，程序员只需有简单的编程经验，用人单位更重视其人品、协调性、管理能力。但如今，能踏踏实实编写出代码的职业程序员反而更受欢迎。这是由于近年来随着技术的不断发展，开发一项服务需要用到多种编程语言和技术，以求兼容多种硬件设备。在这种背景下，判断一个求职者能否编写项目所需的源代码，最切实可行的办法就是看他实际写出的东西。

如今，GitHub 的出现已经让所有人平等拥有公开源代码的权利。看看 Facebook 或 Twitter 能了解一个人的品性，而看看 GitHub 就能了解一个程序员的实力。

今后，进行社会化编程的程序员会越来越多，从而成为一种普遍现象。在不远的将来，应聘的成功与否将取决于您曾经编写过的代码。因此，面向全世界的代码公开必将越发重要。以编写代码为生的职业程序员们，更应该进行社会化编程。

● GitHub 最大的特征是“面向人”

这里讲解一下 GitHub 与单纯的仓库托管服务的不同之处，在笔者看来这是一个重点问题。

GitHub 与以往的仓库托管服务最大的不同点，就在于它以人为中心。

以往的仓库托管服务都是以项目为中心，每个项目就是一个信息封闭的世界。虽然能够知道一个仓库的管理者是谁，但这个管理者还在做哪些事，我们就不得而知了。

GitHub 除项目之外，还可以把注意力集中到人身上。我们不但能阅览一个人公开的所有源代码，只要查看其控制面板中的 News Feed，还能知道他对哪些仓库感兴趣，什么时候做过提交等。一个人在 GitHub 进行的开发是一目了然的[①]。

您可以将注意力聚焦到感兴趣的人身上。他既可以是您崇拜已久的超级黑客，也可以是同校同学或公司的同事。

能同时关注人与代码，是 GitHub 为我们带来的一个新的世界。

1.5 GitHub 提供的主要功能

在 GitHub 上，有许多帮助开发者高效输出优质代码的功能。这里，我们就简单地为您说明这些功能。

● Git 仓库

一般情况下，我们可以免费建立任意个 GitHub 提供的 Git 仓库。但如果需要建立只对特定人物或只对自己公开的私有仓库，则需要依照套餐类型[②]支付每月最低 7 美元的使用费。

● Organization

通常来说，个人使用时只要使用个人账户就足够了，但如果是公司，建议使用 Organization 账户。它的优点在于可以统一管理账户和权限，还能统一支付一些费用。

如果只使用公开仓库，是可以免费创建 Organization 账户的。因此，如果是以交流群或 IT 小团体的形式进行软件开发时不妨试一试。组织或企业使用 GitHub 时需注意的地方将在第 10 章进行详细讲解。

---

① 控制面板的相关知识将在第 5 章中进行详细说明。

② https://github.com/plans

● Issue

Issue 功能，是将一个任务或问题分配给一个 Issue 进行追踪和管理的功能。可以像 BUG 管理系统或 TiDD（Ticket-driven Development）的 Ticket 一样使用。在 GitHub 上，每当进行我们即将讲解的 Pull Request，都会同时创建一个 Issue。

每一个功能更改或修正都对应一个 Issue，讨论或修正都以这个 Issue 为中心进行。只要查看 Issue，就能知道和这个更改相关的一切信息，并以此进行管理。

在 Git 的提交信息中写上 Issue 的 ID（例如“#7”），GitHub 就会自动生成从 Issue 到对应提交的链接。另外，只要按照特定的格式描述提交信息，还可以关闭 Issue。这是一个非常方便的功能，请务必实践一下。详细内容将在第 5 章中为您讲解。

● Wiki

通过 Wiki 功能，任何人都能随时对一篇文章进行更改并保存，因此可以多人共同完成一篇文章。该功能常用在开发文档或手册的编写中。语法方面，可以通过第 5 章讲解的 GFM 语法进行书写。

Wiki 页也是作为 Git 仓库进行管理的，改版的历史记录会被切实保存下来，使用者可以放心改写。由于其支持克隆至本地进行编辑，所以程序员使用时可以不必开启浏览器。

● Pull Request

开发者向 GitHub 的仓库推送更改或功能添加后，可以通过 Pull Request 功能向别人的仓库提出申请，请求对方合并。

Pull Request 送出后，目标仓库的管理者等人将能够查看 Pull Request 的内容及其中包含的代码更改。

同时，GitHub 还提供了对 Pull Request 和源代码前后差别进行讨论的功能。通过此功能，可以以行为单位对源代码添加评论，让程序员之间高效地交流。

详细内容及实际发送 Pull Request 的流程将在第 6 章中进行讲解。

Column

专栏：GitHub 上受到瞩目的软件

在这里为各位介绍几个正在 GitHub 上开发的软件（表 a）（截至 2013 年 12 月）。想必其中很多软件大家都用过或者听过。另外，在 GitHub 上可以随时查看当前备受瞩目的软件[注a]。

注 a https://github.com/trending

表 a GitHub 上正在开发的知名软件

名称	解说	GitHub 的 URL
Ruby on Rails	在 Ruby 中使用的一种代表性的开源 Web 框架	https://github.com/rails/rails
Node	最近在 JavaScript 界大受欢迎的平台。又名 Node.js	https://github.com/joyent/node
jQuery	当今所有领域都在应用的 JavaScript 库	https://github.com/jquery/jquery
Symfony2	通过 PHP 编写的全栈式 Web 框架	https://github.com/symfony/symfony
Bootstrap	可以做出 Twitter 那种界面的组件集	https://github.com/twitter/bootstrap

1.6 小结

本章就实现了社会化编程的 GitHub 进行了讲解。各部分的详细解说将在随后的章中进行。

● 参考资料

如果要更加深入理解社会化编程的概念，建议参考松田明先生的资料（表 1.1）。撰写本章时笔者就参考了这些资料。

表 1.1 参考资料[①]

标题	URL
轻松 Rails	http://www.slideshare.net/a_matsuda/rails-development-that-doesnt-hurt
面向对象社会化编程脚本语言 Ruby	https://speakerdeck.com/a_matsuda/object-oriented-social-coding-scripting-language-ruby
社会化编程的世界	https://speakerdeck.com/u/a_matsuda/p/social-coding

① 三份资料的原标题依次为『たのしい Rails』『オブジェクト指向ソーシャルコーディングスクリプト言語 Ruby』『ソーシャルコーディングの世界』。——译者注

第2章

Git的导入

Git 仓库管理功能是 GitHub 的核心。因此，使用 GitHub 之前必须先掌握 Git 的相关知识，同时本地的设备还要安装 Git 的环境。本章我们将为大家讲解使用 Git 所需的知识及各种设置。

2.1　诞生背景

Git 属于分散型版本管理系统，是为版本管理而设计的软件。

Linux 的创始人 Linus Torvalds 在 2005 年开发了 Git 的原型程序。当时，由于在 Linux 内核开发中使用的既有版本管理系统的开发方许可证发生了变更，为了更换新的版本管理系统，Torvalds 开发了 Git。

Linux 内核的更新速度在全世界也算首屈一指。因此，势必需要一个功能强、性能高的版本管理系统来提高开发速度。

在当时的开源环境下，虽然已经有数款版本管理软件被开发出来，但功能和性能都差强人意。加之 Git 是由 Linus Torvalds 亲自着手开发的，可以说在功能与性能方面无可挑剔。程序员们愿意接受 Git，很大程度上取决于这个背景。

笔者在从 Subversion[①] 改用 Git 时，也对其强大的功能和性能感到震惊。Git 功能多到夸张，让人觉得至今都没能彻底掌握它。同时，它大幅削减了笔者花在版本管理系统上的时间，现在如果没有 Git，软件开发恐怕会是一件非常痛苦的事情。

在发布之初，Git 由于其艰涩难懂，只有部分黑客愿意使用。但随着众多开发者的共同努力，现在它已被全世界的程序员们所采用。

2.2　什么是版本管理

版本管理就是管理更新的历史记录。它为我们提供了一些在软件开

① http://subversion.apache.org/

发过程中必不可少的功能，例如记录一款软件添加或更改源代码的过程，回滚到特定阶段，恢复误删除的文件等。

在 Git 出现以前，人们普遍采用 Subversion 等集中型版本管理系统，而现在 Git 已经成为了主流。由于 GitHub 的普及，想必世界上使用 Git 的人会越来越多。因此要学习版本管理的各位，建议您选择 Git。

● 集中型与分散型

刚才我们提到版本管理系统分为 Subversion 这类集中型的与 Git 这类分散型的，下面就为各位简单说明一下二者的不同点。

●……… 集中型

以 Subversion 为代表的集中型，会如图 2.1 所示将仓库集中存放在服务器之中，所以只存在一个仓库。这就是为什么这种版本管理系统会被称作集中型。

集中型将所有数据集中存放在服务器当中，有便于管理的优点。但是一旦开发者所处的环境不能连接服务器，就无法获取最新的源代码，开发也就几乎无法进行。服务器宕机时也是同样的道理，而且万一服务器故障导致数据消失，恐怕开发者就再也见不到最新的源代码了。

图 2.1 集中型

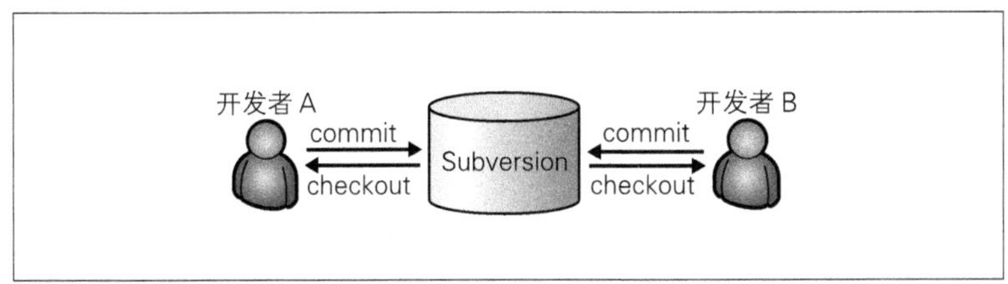

●……… 分散型

图 2.2 是以 Git 为代表的分散型的示意图。如图中所示，GitHub 将仓库 Fork 给了每一个用户。Fork 就是将 GitHub 的某个特定仓库复制到自己的账户下。Fork 出的仓库与原仓库是两个不同的仓库，开发者可以

随意编辑。

图 2.2　分散型

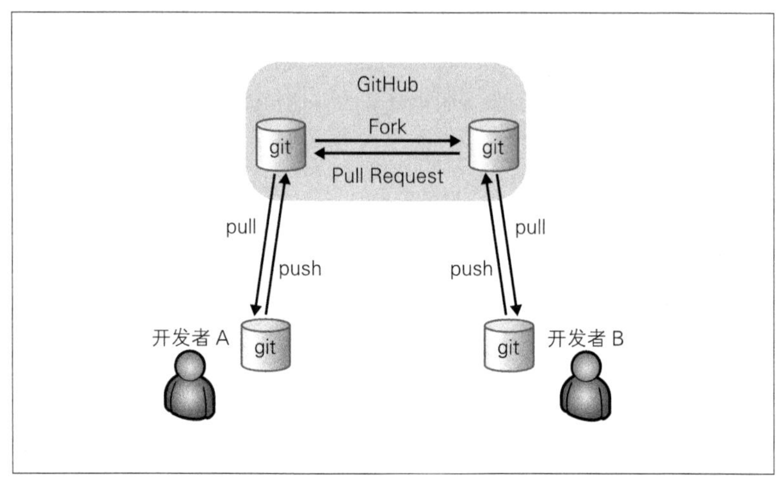

如图所示，分散型拥有多个仓库，相对而言稍显复杂。不过，由于本地的开发环境中就有仓库，所以开发者不必连接远程仓库就可以进行开发。

图中只显示了一般的使用流程。实际上，所有仓库之间都可以进行 push 和 pull。即便不通过 GitHub，开发者 A 也可以直接向开发者 B 的仓库进行 push 或 pull。因此在使用前如果不事先制定规范，初学者往往会搞不清最新的源代码保存在哪里，导致开发失去控制。不过不用担心，只要各位随着本书的讲解亲自动手尝试，想掌握要领并不是一件难事。

● 集中型与分散型哪个更好

要说集中型与分散型哪个更好，其实双方都各有优缺点，需要看具体情况而定。不过，随着 Git 与 GitHub 的普及，今后使用分散型的开发者将会占绝大多数。只要规则制定得当，分散型同样能像集中型那样进行管理。

有些人在学习版本管理的相关知识时，认为该从相对简单的集中型入手，再循序渐进学习分散型。但笔者认为，今后用到集中型的机会很少，所以不必特地绕这个弯路。

同样，建议想给团队导入版本管理系统的读者选择 GitHub 与 Git。如果软件开发进行到一半再从集中型转为分散型，不但需要支付高额的费用，还要让开发者花费大量的精力与金钱去重新学习。考虑到今后的各种机遇与挑战，从一开始就选择分散型，必定是各位成功路上的关键一步。

只要脑中掌握了多个仓库并存的概念，学习分散型并不是什么难事。而且对于刚刚接触这方面知识的人来说，由于没有先入为主的干扰，应该很容易接受这一概念。

2.3 安装

接下来就让我们在本地环境中实际安装 Git，进行各种设置。

● Mac 与 Linux

最近的 Mac 中都预装了 Git。而各版本的 Linux 中也都以软件包（Package）的形式提供给用户了，所以各位可以直接使用。关于这两个环境特有的详细安装方法，由于篇幅关系恕不赘述。

● Windows

在 Windows 环境中，最简单快捷的方法是使用 msysGit[①]。请按照 Downloads 的向导下载安装包。本书使用的版本是 Git-1.8.4-preview20130916.exe。

安装包下载完毕后，只要双击运行，按照向导一步步安装即可。下面我们对安装时的设定进行讲解。

---

① http://msysgit.github.io/

●……… 组件的选择

在图 2.3 的页面中选择需要的组件。由于所有必要组件都已默认勾选，大可直接进入下一步。

●……… 设置环境变量

在图 2.4 的页面中，可以设置调用 Git 的环境变量。本书的讲解只会用到 msysGit 中附属的 Git Bash 命令提示符，所以请选择最上面的 Use Git Bash only，然后进行下一步。

图 2.3 组件的选择

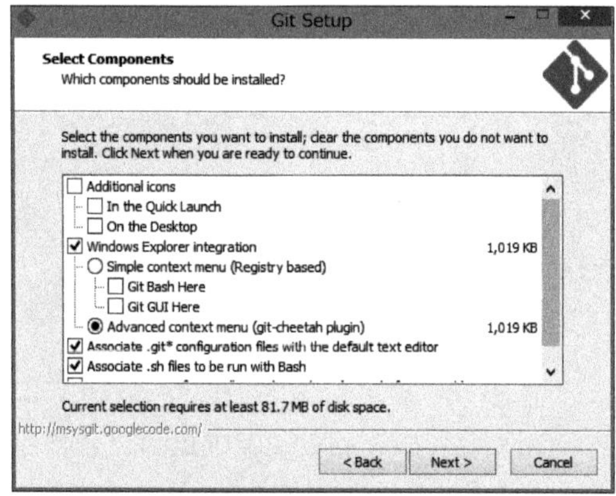

图 2.4 环境变量的设置

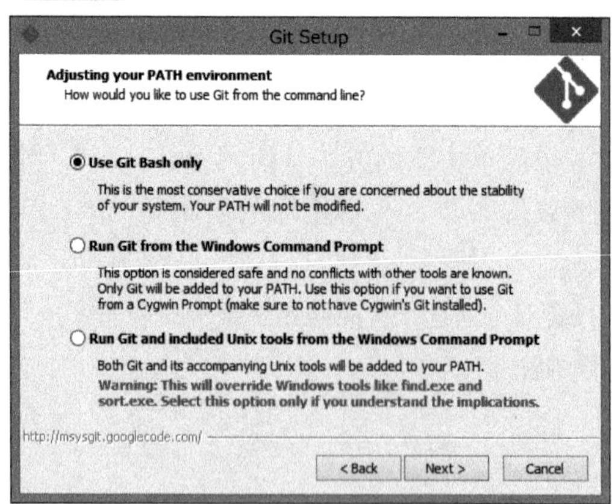

●········· 换行符的处理

在图 2.5 所示的页面中，选择换行符的相关设置。

GitHub 中公开的代码大部分都是以 Mac 或 Linux 中的 LF（Line Feed）换行。然而，由于 Windows 中是以 CRLF（Carriage Return + Line Feed）换行的，所以在非对应的编辑器中将不能正常显示。

Git 可以通过设置自动转换这些换行符。使用 Windows 环境的各位，请选择推荐的“Checkout Windows-style, commit Unix-style line endings”选项。换行符在签出时会自动转换为 CRLF，在提交时则会自动转换为 LF。

图 2.5　换行符的转换

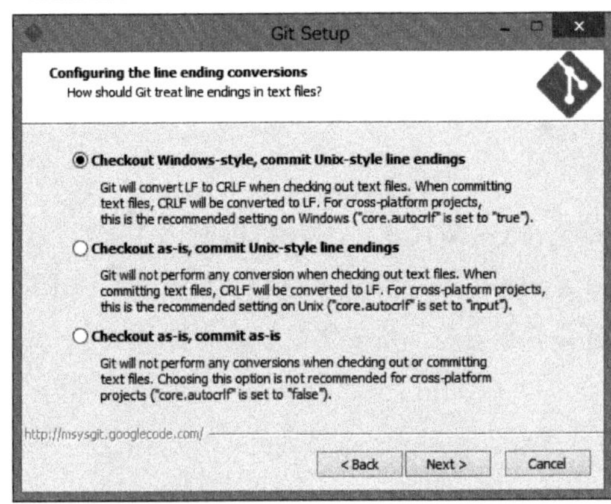

各位请注意以上这几点，配合当前使用的环境进行安装。

●········· Git Bash

顺利安装好 msysGit 之后，Git Bash 会作为一个应用程序添加进系统，接下来请启动它。双击之后，会弹出一个名为 Git Bash 的命令提示符（图 2.6），它附属于 msysGit。如果各位是按照本书中介绍的流程进行安装，那么 git 命令就只能在 Git Bash 中使用，在 Windows 附属的命令提示符中则无法运行。

图 2.6 Git Bash 的运行页面

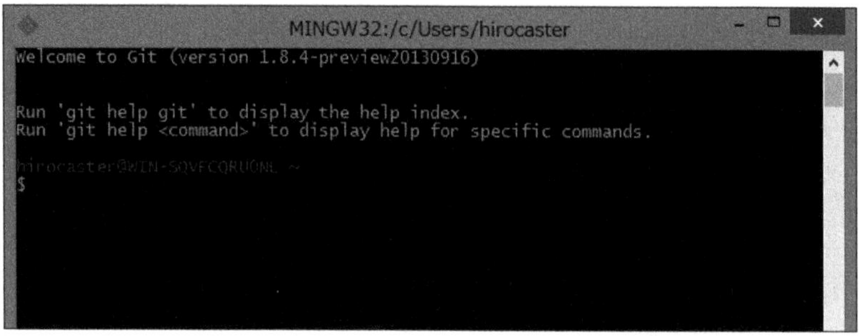

```
MINGW32:/c/Users/hirocaster
Welcome to Git (version 1.8.4-preview20130916)

Run 'git help git' to display the help index.
Run 'git help <command>' to display help for specific commands.

$
```

从名字中带有 Bash 就不难猜到，Git Bash 中照搬了许多 Bash 命令，习惯 Linux 的人用起来会感觉比 Windows 命令提示符更得心应手。借这个机会，不妨也熟悉一下 Windows 的 CLI（Command Line Interface，命令行界面）操作。

● 本书所用的环境

本书中的示范操作，都是在 OS X 10.9.1 上使用 Git 1.8.5.2 进行。其他大部分环境也都提供了 1.8.x 或 1.7.x 版本的软件包，所以并不强求末尾的小版本号一致。不过还是建议各位尽量安装最新版的 Git。

2.4 初始设置

下面我们对本地计算机里安装的 Git 进行设置。

● 设置姓名和邮箱地址

首先来设置使用 Git 时的姓名和邮箱地址。名字请用英文输入。

```
$ git config --global user.name "Firstname Lastname"
$ git config --global user.email "your_email@example.com"
```

这个命令，会在“~/.gitconfig”中以如下形式输出设置文件。

```
[user]
  name = Firstname Lastname
  email = your_email@example.com
```

想更改这些信息时，可以直接编辑这个设置文件。这里设置的姓名和邮箱地址会用在 Git 的提交日志中。由于在 GitHub 上公开仓库时，这里的姓名和邮箱地址也会随着提交日志一同被公开，所以请不要使用不便公开的隐私信息。

在 GitHub 上公开代码后，前来参考的程序员可能来自世界任何地方，所以请不要使用汉字，尽量用英文进行描述。当然，如果您不想使用真名，完全可以使用网络上的昵称。

● 提高命令输出的可读性

顺便一提，将 color.ui 设置为 auto 可以让命令的输出拥有更高的可读性。

```
$ git config --global color.ui auto
```

“~/.gitconfig”中会增加下面一行。

```
[color]
  ui = auto
```

这样一来，各种命令的输出就会变得更容易分辨。

2.5 小结

本章中，我们从 Git 诞生的背景说起，讲了版本管理系统中集中型和分散型的相关知识。然后还实际安装了 Git，并进行了初始设置。

如果您是一名开发者，今后使用 Git 的情况必然越来越多。请务必认真进行初始设置。

第3章

使用GitHub的前期准备

本章将为各位讲解使用 GitHub 前需要做的一些准备。

3.1 使用前的准备

● 创建账户

首先让我们来创建 GitHub 账户。请打开创建账户的页面[①]。

我们会看到如图 3.1 所示的页面。在 Username 一栏中用英文和数字输入要创建的 ID，您的公开页面的 URL（http://github.com/ ○○）会用到这个 ID。其他项目也请按照页面要求输入。

图 3.1 账户创建页面

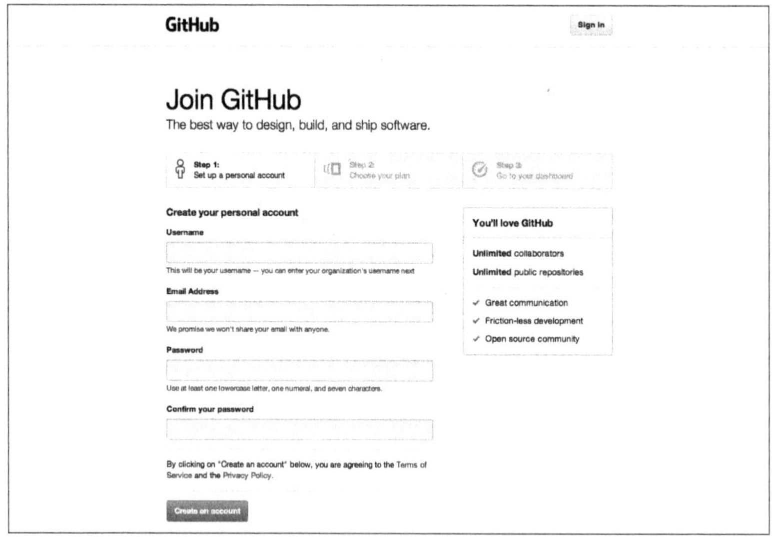

填写完所有项目后点击 Create an account，就能完成账户的创建。账户创建完成后会直接进入登录状态，用户可以立即开始使用 GitHub。登录状态下用户名会显示在页面的右上方。

① https://github.com/join

● 设置头像

在 GitHub 上随处可见的头像（账户独有的标识）是通过 Gravatar①服务显示的。使用过 WordPress 的读者可能对它有所了解。

只要使用创建 GitHub 账户时注册的邮箱在 Gravatar 上设置头像，GitHub 的头像就会变成您设置好的样子。

头像并不是使用 GitHub 时的硬性要求，但如果为代码配上编码者的相貌或标识，会让人觉得安心，同时还可能让对方对您产生兴趣。毕竟我们要使用的是能将关注点聚集在人身上的 GitHub，所以建议各位积极地设置头像。

● 设置 SSH Key

GitHub 上连接已有仓库时的认证，是通过使用了 SSH 的公开密钥认证方式进行的。现在让我们来创建公开密钥认证所需的 SSH Key，并将其添加至 GitHub。已经创建过的读者，请用现有的密钥进行设置②。

运行下面的命令创建 SSH Key。

```
$ ssh-keygen -t rsa -C "your_email@example.com"
Generating public/private rsa key pair.
Enter file in which to save the key
(/Users/your_user_directory/.ssh/id_rsa): 按回车键
Enter passphrase (empty for no passphrase): 输入密码
Enter same passphrase again: 再次输入密码
```

“your_email@example.com”的部分请改成您在创建账户时用的邮箱地址。密码需要在认证时输入，请选择复杂度高并且容易记忆的组合。

输入密码后会出现以下结果。

```
Your identification has been saved in /Users/your_user_directory/.ssh/id_rsa.
Your public key has been saved in /Users/your_user_directory/.ssh/id_rsa.pub.
The key fingerprint is:
fingerprint值 your_email@example.com
The key's randomart image is:
```

① http://cn.gravatar.com/

② 本部分讲解参照了 GitHub 的帮助说明（https://help.github.com/articles/generating-ssh-keys）。

```
+--[ RSA 2048]----+
|     .+    +      |
|        = o O .   |
略
```

id_rsa 文件是私有密钥，id_rsa.pub 是公开密钥。

● 添加公开密钥

在 GitHub 中添加公开密钥，今后就可以用私有密钥进行认证了。

点击右上角的账户设定按钮（Account Settings），选择 SSH Keys 菜单后，就会出现如图 3.2 的界面。点击 Add SSH Key，会出现 Title 和 Key 两个输入框。在 Title 中输入适当的密钥名称。Key 部分请粘贴 id_rsa.pub 文件里的内容。id_rsa.pub 的内容可以用如下方法查看。

```
$ cat ~/.ssh/id_rsa.pub
ssh-rsa 公开密钥的内容 your_email@example.com
```

图 3.2　SSH Keys

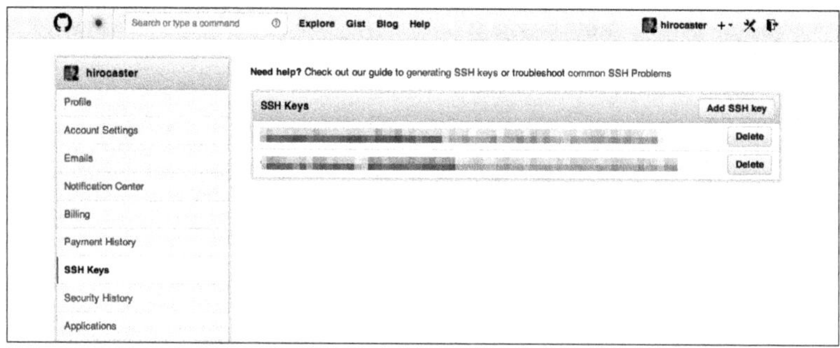

添加成功之后，创建账户时所用的邮箱会接到一封提示“公共密钥添加完成”的邮件。

完成以上设置后，就可以用手中的私人密钥与 GitHub 进行认证和通信了。让我们来实际试一试。

```
$ ssh -T git@github.com
The authenticity of host 'github.com (207.97.227.239)' can't be established.
RSA key fingerprint is fingerprint值 .
Are you sure you want to continue connecting (yes/no)? 输入yes
```

出现如下结果即为成功。

```
Hi hirocastest! You've successfully authenticated, but GitHub does not
provide shell access.
```

● 使用社区功能

既然说 GitHub 能够以人为焦点，那么在创建账户后不妨试试 Follow（关注）别人。在用户信息页面的右上角点击如图 3.3 所示的按钮即可。

图 3.3 Follow 按钮

这样一来，您所 Follow 的用户的活动就会显示在您的控制面板页面中。您可以通过这种方法知道那个人在 GitHub 上都做了些什么。

对于仓库，也可以使用 Watch 功能获取最新的开发信息。如果您经常使用的某个软件正在 GitHub 上进行开发，不妨去 Watch 一下。

关于这部分的内容还将在第 5 章中详细讲解。

3.2 实际动手使用

● 创建仓库

实际创建一个公开的仓库。点击右上角工具栏里的 New repository（图 3.4）图标，创建新的仓库。

图 3.4 新建仓库的按钮

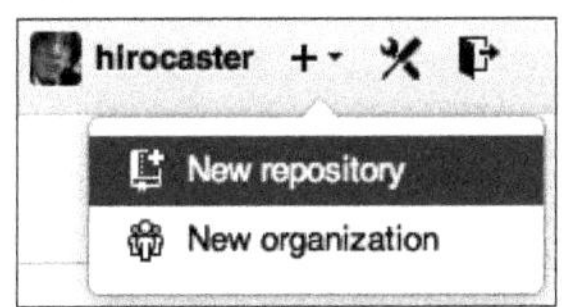

●········ Repository name

参考图 3.5，在 Repository name 栏中输入仓库的名称。这里我们输入 Hello-World。

图 3.5 新建仓库的页面

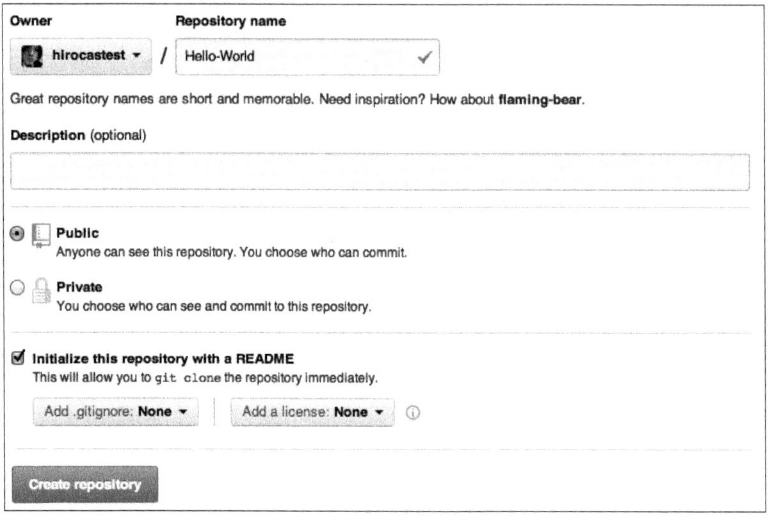

●········ Description

Description 栏中可以设置仓库的说明。这一栏不是必需项，可以留空。

●········ Public、Private

在这一栏可以选择 Public 还是 Private。这里我们选择 Public，创建公开仓库，仓库内的所有内容都会被公开。

选择 Private 可以创建非公开仓库，用户可以设置访问权限，但这项服务是收费的。

●········ Initialize this repository with a README

在 Initialize this repository with a README 选项上打钩，随后 GitHub 会自动初始化仓库并设置 README 文件，让用户可以立刻

clone 这个仓库。如果想向 GitHub 添加手中已有的 Git 仓库，建议不要勾选，直接手动 push。

●……… Add .gitignore

下方左侧的下拉菜单非常方便，通过它可以在初始化时自动生成 .gitignore 文件[①]。这个设定会帮我们把不需要在 Git 仓库中进行版本管理的文件记录在 .gitignore 文件中，省去了每次根据框架进行设置的麻烦。下拉菜单中包含了主要的语言及框架，选择今后将要使用的即可。由于本书中我们并不使用任何框架，所以不做选择。

●……… Add a license

右侧的下拉菜单可以选择要添加的许可协议文件。如果这个仓库中包含的代码已经确定了许可协议，那么请在这里进行选择。随后将自动生成包含许可协议内容的 LICENSE 文件，用来表明该仓库内容的许可协议。

输入选择都完成后，点击 Create repository 按钮，完成仓库的创建。

● 连接仓库

下面这个 URL 便是刚刚创建的仓库的页面。

```
https://github.com/用户名/Hello-World
```

●……… README.md

README.md 在初始化时已经生成好了。README.md 文件的内容会自动显示在仓库的首页当中。因此，人们一般会在这个文件中标明本仓库所包含的软件的概要、使用流程、许可协议等信息。如果使用 Markdown 语法进行描述，还可以添加标记，提高可读性。

---

① 该文件用来描述 Git 仓库中不需管理的文件与目录。

GitHub Flavored Markdown

在 GitHub 上进行交流时用到的 Issue、评论、Wiki，都可以用 Markdown 语法表述，从而进行标记。准确地说应该是 GitHub Flavored Markdown（GFM）语法。该语法虽然是 GitHub 在 Markdown 语法基础上扩充而来的，但一般情况下只要按照原本的 Markdown 语法进行描述就可以。

关于 Markdown 语法的解说，网上也有相关资料可查[①]。各位不妨一边参考一边实际尝试。

使用 GitHub 后，很多文档都需要用 Markdown 来书写。也就是说，全世界有大量程序员都在使用 Markdown，因此掌握这种语法已经成为程序员的标准技能之一。请各位也务必学会 Markdown 语法。

公开代码

clone 已有仓库

接下来我们将尝试在已有仓库中添加代码并加以公开。首先将已有仓库 clone 到身边的开发环境中[②]。clone 时指定的路径请参考图 3.6[③]。

① http://www.ituring.com.cn/article/775

② 下页代码段中的 hirocastest 是作者使用的示例账户名，请各位读者在实践时替换为自己的账户名。后文类似情况也需进行相同处理。——编者注

③ git 命令请参考第 4 章。

图 3.6 仓库的路径

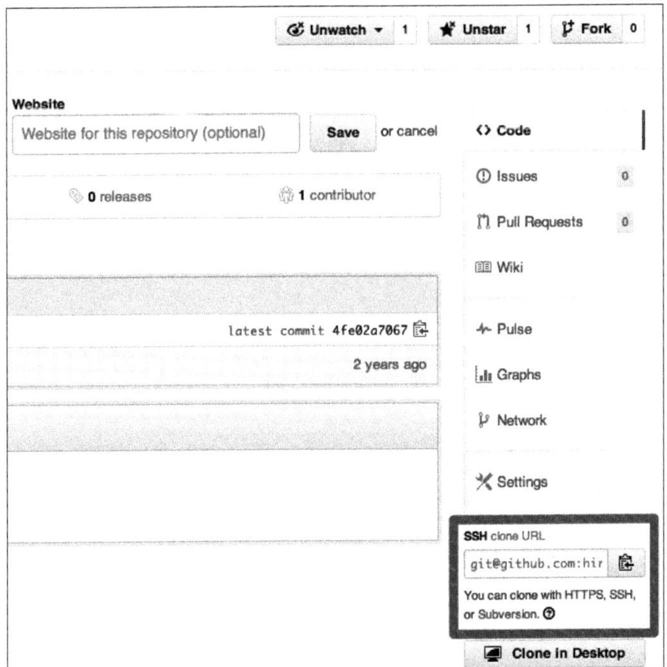


```
$ git clone git@github.com:hirocastest/Hello-World.git
Cloning into 'Hello-World'...
remote: Counting objects: 3, done.
remote: Total 3 (delta 0), reused 0 (delta 0)
Receiving objects: 100% (3/3), done.

$ cd Hello-World
```

这里会要求输入 GitHub 上设置的公开密钥的密码。认证成功后，仓库便会被 clone 至仓库名后的目录中。将想要公开的代码提交至这个仓库再 push 到 GitHub 的仓库中，代码便会被公开。

●……… 编写代码

这里我们编写一个 hello_world.php 文件，用来输出“Hello World!”。

```
hello_world.php的内容
<?php
```

```
    echo "Hello World!";
?>
```

由于 hello_word.php 还没有添加至 Git 仓库，所以显示为 Untracked files。

```
$ git status
# On branch master
# Untracked files:
#   (use "git add <file>..." to include in what will be committed)
#
#       hello_world.php
nothing added to commit but untracked files present (use "git add" to track)
```

●……… 提交

将 hello_word.php 提交至仓库。这样一来，这个文件就进入了版本管理系统的管理之下。今后的更改管理都交由 Git 进行。

```
$ git add hello_world.php
$ git commit -m "Add hello world script by php"
[master d23b909] Add hello world script by php
 1 file changed, 3 insertions(+)
 create mode 100644 hello_world.php
```

通过 `git add` 命令将文件加入暂存区[①]，再通过 `git commit` 命令提交。

添加成功后，可以通过 `git log` 命令查看提交日志。

```
$ git log
commit d23b909caad5d49a281480e6683ce3855087a5da
Author: hirocastest <hohtsuka@gmail.com>
Date:   Tue May 1 14:36:58 2012 +0900

    Add hello world script by php
略
```

① 在 Index 数据结构中记录文件提交之前的状态。

Column

专栏：公开时的许可协议

即便在 GitHub 上公开了源代码，也不代表著作者放弃了著作权等权利。代码的权利持有人请选择合适的许可协议。在 GitHub 上，有修正 BSD 许可协议、Apache 许可协议等多种许可协议供人们选择，不过大多数软件都使用 MIT 许可协议。

MIT 许可协议具有以下特征。

> 被授权人权利：被授权人有权利使用、复制、修改、合并、出版发行、散布、再授权和 / 或贩售软件及软件的副本，及授予被供应人同等权利，唯服从以下义务。
>
> 被授权人义务：在软件和软件的所有副本中都必须包含以上版权声明和本许可声明。
>
> 其他重要特性：此许可协议并非属 copyleft 的自由软件许可协议条款，允许在自由及开放源代码软件或非自由软件（proprietary software）所使用。
>
> MIT 的内容可依照程序著作权者的需求更改内容。此亦为 MIT 与 BSD（The BSD license, 3-clause BSD license）本质上不同处。
>
> MIT 许可协议可与其他许可协议并存。另外，MIT 条款也是自由软件基金会（FSF）所认可的自由软件许可协议条款，与 GPL 兼容。
>
> ——MIT 许可证，Wikipedia，http://zh.wikipedia.org/，2015 年 3 月 27 日获取

详细内容请参阅原文[注a]。

实际使用时，只需将 LICENSE 文件加入仓库，并在 README.md 文件中声明使用了何种许可协议即可。

使用没有声明许可协议的软件时，以防万一最好直接联系著作者。

注 a　http://www.opensource.org/licenses/mit-license.php

●……… 进行 push

之后只要执行 push，GitHub 上的仓库就会被更新。

```
$ git push
Counting objects: 4, done.
Delta compression using up to 4 threads.
Compressing objects: 100% (2/2), done.
Writing objects: 100% (3/3), 328 bytes, done.
Total 3 (delta 0), reused 0 (delta 0)
To git@github.com:hirocastest/Hello-World.git
   46ff713..d23b909  master -> master
```

这样一来代码就在 GitHub 上公开了。不妨实际连接 http://github.com/ 用户名 /Hello-World 查看一下。Git 更加详细的操作请查阅第 4 章。

3.3 小结

本章讲解了初次在 GitHub 建立仓库以及公开代码的流程。完成这些，各位就踏入了 GitHub 的世界。

第4章

通过实际操作学习Git

在本章中，我们将学习 Git 相关的基本知识与操作方法。已经将 Git 实际运用于开发的读者大可跳过本章。本章中将要解说的，是理解本书内容所必不可少的一些 Git 操作。请随着我们的解说，一边实际操作，一边学习并掌握 Git。

4.1 基本操作

● git init——初始化仓库

要使用 Git 进行版本管理，必须先初始化仓库。Git 是使用 `git init` 命令进行初始化的。请实际建立一个目录并初始化仓库。

```
$ mkdir git-tutorial
$ cd git-tutorial
$ git init
Initialized empty Git repository in /Users/hirocaster/github/github-book
/git-tutorial/.git/
```

如果初始化成功，执行了 `git init` 命令的目录下就会生成 .git 目录。这个 .git 目录里存储着管理当前目录内容所需的仓库数据。

在 Git 中，我们将这个目录的内容称为“附属于该仓库的工作树”。文件的编辑等操作在工作树中进行，然后记录到仓库中，以此管理文件的历史快照。如果想将文件恢复到原先的状态，可以从仓库中调取之前的快照，在工作树中打开。开发者可以通过这种方式获取以往的文件。具体操作指令我们将在后面详细解说。

● git status——查看仓库的状态

`git status` 命令用于显示 Git 仓库的状态。这是一个十分常用的命令，请务必牢记。

工作树和仓库在被操作的过程中，状态会不断发生变化。在 Git 操作过程中时常用 `git status` 命令查看当前状态，可谓基本中的基本。下面，就让我们来实际查看一下当前状态。

```
$ git status
# On branch master
#
# Initial commit
#
nothing to commit (create/copy files and use "git add" to track)
```

结果显示了我们当前正处于 master 分支下。关于分支我们会在不久后讲到，现在不必深究。接着还显示了没有可提交的内容。所谓提交（Commit），是指“记录工作树中所有文件的当前状态”。

尚没有可提交的内容，就是说当前我们建立的这个仓库中还没有记录任何文件的任何状态。这里，我们建立 README.md 文件作为管理对象，为第一次提交做前期准备。

```
$ touch README.md
$ git status
# On branch master
#
# Initial commit
## Untracked files:#   (use "git add <file>..." to include in what will
be committed)#
#       README.md
nothing added to commit but untracked files present (use "git add" to
track)
```

可以看到在 Untracked files 中显示了 README.md 文件。类似地，只要对 Git 的工作树或仓库进行操作，`git status`命令的显示结果就会发生变化。

● git add——向暂存区中添加文件

如果只是用 Git 仓库的工作树创建了文件，那么该文件并不会被记入 Git 仓库的版本管理对象当中。因此我们用`git status`命令查看 README.md 文件时，它会显示在 Untracked files 里。

要想让文件成为 Git 仓库的管理对象，就需要用`git add`命令将其加入暂存区（Stage 或者 Index）中。暂存区是提交之前的一个临时区域。

```
$ git add README.md
$ git status
# On branch master
```

```
#
# Initial commit
#
# Changes to be committed:
#   (use "git rm --cached <file>..." to unstage)
#
#       new file:   README.md
#
```

将 README.md 文件加入暂存区后，`git status`命令的显示结果发生了变化。可以看到，README.md 文件显示在 Changes to be committed 中了。

● git commit——保存仓库的历史记录

`git commit`命令可以将当前暂存区中的文件实际保存到仓库的历史记录中。通过这些记录，我们就可以在工作树中复原文件。

●……… 记述一行提交信息

我们来实际运行一下`git commit`命令。

```
$ git commit -m "First commit"
[master (root-commit) 9f129ba] First commit
 1 file changed, 0 insertions(+), 0 deletions(-)
 create mode 100644 README.md
```

`-m` 参数后的`"First commit"`称作提交信息，是对这个提交的概述。

●……… 记述详细提交信息

刚才我们只简洁地记述了一行提交信息，如果想要记述得更加详细，请不加`-m`，直接执行`git commit`命令。执行后编辑器就会启动，并显示如下结果。

```
# Please enter the commit message for your changes. Lines starting
# with '#' will be ignored, and an empty message aborts the commit.
# On branch master
#
# Initial commit
```

```
#
# Changes to be committed:
#   (use "git rm --cached <file>..." to unstage)
#
#       new file:   README.md
#
```

在编辑器中记述提交信息的格式如下。

- 第一行：用一行文字简述提交的更改内容
- 第二行：空行
- 第三行以后：记述更改的原因和详细内容

只要按照上面的格式输入，今后便可以通过确认日志的命令或工具看到这些记录。

在以#（井号）标为注释的 `Changes to be committed`（要提交的更改）栏中，可以查看本次提交中包含的文件。将提交信息按格式记述完毕后，请保存并关闭编辑器，以#（井号）标为注释的行不必删除。随后，刚才记述的提交信息就会被提交。

●……… 中止提交

如果在编辑器启动后想中止提交，请将提交信息留空并直接关闭编辑器，随后提交就会被中止。

●……… 查看提交后的状态

执行完 `git commit`命令后再来查看当前状态。

```
$ git status
# On branch master
nothing to commit, working directory clean
```

当前工作树处于刚刚完成提交的最新状态，所以结果显示没有更改。

● git log——查看提交日志

`git log`命令可以查看以往仓库中提交的日志。包括可以查看什么人在什么时候进行了提交或合并，以及操作前后有怎样的差别。关于合并我们会在后面解说。

我们先来看看刚才的`git commit`命令是否被记录了。

```
$ git log

commit 9f129bae19b2c82fb4e98cde5890e52a6c546922
Author: hirocaster <hohtsuka@gmail.com>
Date:   Sun May 5 16:06:49 2013 +0900

    First commit
```

如上图所示，屏幕显示了刚刚的提交操作。commit 栏旁边显示的“9f129b……”是指向这个提交的哈希值。Git 的其他命令中，在指向提交时会用到这个哈希值。

Author 栏中显示我们给 Git 设置的用户名和邮箱地址。Date 栏中显示提交执行的日期和时间。再往下就是该提交的提交信息。

●……… 只显示提交信息的第一行

如果只想让程序显示第一行简述信息，可以在`git log`命令后加上`--pretty=short`。这样一来开发人员就能够更轻松地把握多个提交。

```
$ git log --pretty=short

commit 9f129bae19b2c82fb4e98cde5890e52a6c546922
Author: hirocaster <hohtsuka@gmail.com>

    First commit
```

●……… 只显示指定目录、文件的日志

只要在`git log`命令后加上目录名，便会只显示该目录下的日志。如果加的是文件名，就会只显示与该文件相关的日志。

```
$ git log README.md
```

●……… 显示文件的改动

如果想查看提交所带来的改动，可以加上 -p参数，文件的前后差别就会显示在提交信息之后。

```
$ git log -p
```

比如，执行下面的命令，就可以只查看 README.md 文件的提交日志以及提交前后的差别。

```
$ git log -p README.md
```

如上所述，git log命令可以利用多种参数帮助开发者把握以往提交的内容。不必勉强自己一次记下全部参数，每当有想查看的日志就积极去查，慢慢就能得心应手了。

● git diff——查看更改前后的差别

git diff命令可以查看工作树、暂存区、最新提交之间的差别。单从字面上可能很难理解，各位不妨跟着笔者的解说亲手试一试。

我们在刚刚提交的 README.md 中写点东西。

```
# Git教程
```

这里用 Markdown 语法写下了一行题目。

●……… 查看工作树和暂存区的差别

执行git diff命令，查看当前工作树与暂存区的差别。

```
$ git diff

diff --git a/README.md b/README.md
index e69de29..cb5dc9f 100644
--- a/README.md
+++ b/README.md
@@ -0,0 +1 @@
+# Git教程
```

由于我们尚未用git add命令向暂存区添加任何东西，所以程序只会显示工作树与最新提交状态之间的差别。

这里解释一下显示的内容。“+”号标出的是新添加的行，被删除的行则用“-”号标出。我们可以看到，这次只添加了一行。

用`git add`命令将 README.md 文件加入暂存区。

```
$ git add README.md
```

●……… 查看工作树和最新提交的差别

如果现在执行`git diff`命令，由于工作树和暂存区的状态并无差别，结果什么都不会显示。要查看与最新提交的差别，请执行以下命令。

```
$ git diff HEAD
diff --git a/README.md b/README.md
index e69de29..cb5dc9f 100644
--- a/README.md
+++ b/README.md
@@ -0,0 +1 @@
+# Git教程
```

不妨养成这样一个好习惯：在执行`git commit`命令之前先执行`git diff HEAD`命令，查看本次提交与上次提交之间有什么差别，等确认完毕后再进行提交。这里的 HEAD 是指向当前分支中最新一次提交的指针。

由于我们刚刚确认过两个提交之间的差别，所以直接运行`git commit`命令。

```
$ git commit -m "Add index"
[master fd0cbf0] Add index
 1 file changed, 1 insertion(+)
```

保险起见，我们查看一下提交日志，确认提交是否成功。

```
$ git log
commit fd0cbf0d4a25f747230694d95cac1be72d33441d
Author: hirocaster <hohtsuka@gmail.com>
Date:   Sun May 5 16:10:15 2013 +0900

    Add index

commit 9f129bae19b2c82fb4e98cde5890e52a6c546922
```

```
Author: hirocaster <hohtsuka@gmail.com>
Date:   Sun May 5 16:06:49 2013 +0900

    First commit
```

成功查到了第二个提交。

4.2 分支的操作

在进行多个并行作业时，我们会用到分支。在这类并行开发的过程中，往往同时存在多个最新代码状态。如图 4.1 所示，从 master 分支创建 feature-A 分支和 fix-B 分支后，每个分支中都拥有自己的最新代码。master 分支是 Git 默认创建的分支，因此基本上所有开发都是以这个分支为中心进行的。

图 4.1 从 master 分支创建 feature-A 分支和 fix-B 分支

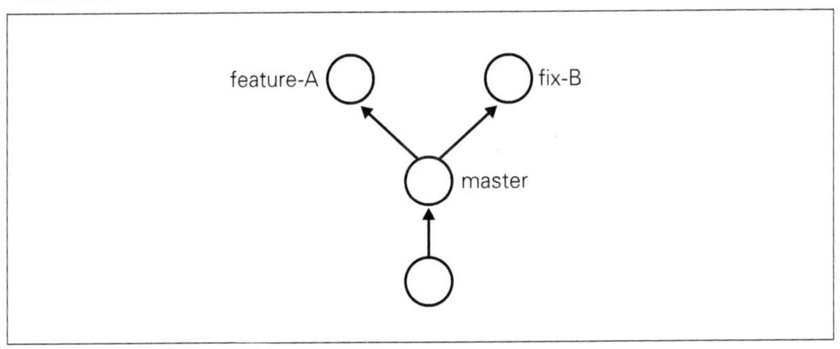

不同分支中，可以同时进行完全不同的作业。等该分支的作业完成之后再与 master 分支合并。比如 feature-A 分支的作业结束后与 master 合并，如图 4.2 所示。

通过灵活运用分支，可以让多人同时高效地进行并行开发。在这里，我们将带大家学习与分支相关的 Git 操作。

图 4.2 feature-A 分支作业结束后的状态

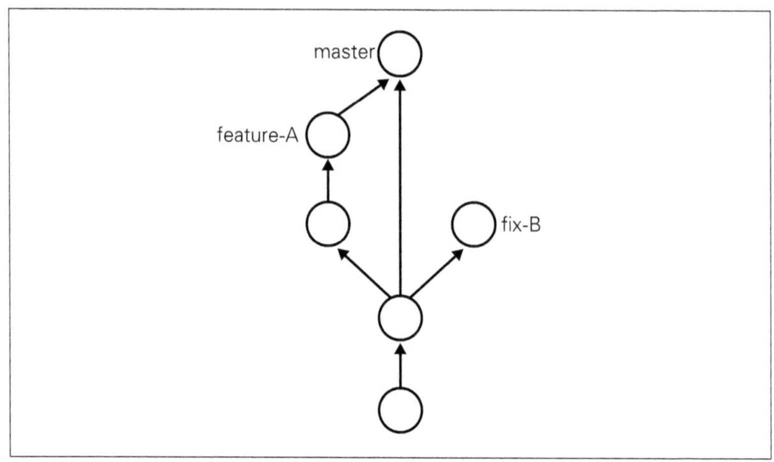

● git branch——显示分支一览表

`git branch`命令可以将分支名列表显示，同时可以确认当前所在分支。让我们来实际运行`git branch`命令。

```
$ git branch
* master
```

可以看到 master 分支左侧标有“*”（星号），表示这是我们当前所在的分支。也就是说，我们正在 master 分支下进行开发。结果中没有显示其他分支名，表示本地仓库中只存在 master 一个分支。

● git checkout -b——创建、切换分支

如果想以当前的 master 分支为基础创建新的分支，我们需要用到`git checkout -b`命令。

●……… 切换到 feature-A 分支并进行提交

执行下面的命令，创建名为 feature-A 的分支。

```
$ git checkout -b feature-A
Switched to a new branch 'feature-A'
```

实际上，连续执行下面两条命令也能收到同样效果。

```
$ git branch feature-A
$ git checkout feature-A
```

创建 feature-A 分支，并将当前分支切换为 feature-A 分支。这时再来查看分支列表，会显示我们处于 feature-A 分支下。

```
$ git branch
* feature-A
  master
```

feature-A 分支左侧标有“*”，表示当前分支为 feature-A。在这个状态下像正常开发那样修改代码、执行 `git add`命令并进行提交的话，代码就会提交至 feature-A 分支。像这样不断对一个分支（例如 feature-A）进行提交的操作，我们称为“培育分支”。

下面来实际操作一下。在 README.md 文件中添加一行。

```
# Git教程

  - feature-A
```

这里我们添加了 feature-A 这样一行字母，然后进行提交。

```
$ git add README.md
$ git commit -m "Add feature-A"
[feature-A 8a6c8b9] Add feature-A
 1 file changed, 2 insertions(+)
```

于是，这一行就添加到 feature-A 分支中了。

●……切换到 master 分支

现在我们再来看一看 master 分支有没有受到影响。首先切换至 master 分支。

```
$ git checkout master
Switched to branch 'master'
```

然后查看 README.md 文件，会发现 README.md 文件仍然保持原先的状态，并没有被添加文字。feature-A 分支的更改不会影响到 master 分支，这正是在开发中创建分支的优点。只要创建多个分支，就可以在不互相影响的情况下同时进行多个功能的开发。

●……… 切换回上一个分支

现在，我们再切换回 feature-A 分支。

```
$ git checkout -
Switched to branch 'feature-A'
```

像上面这样用 “-”（连字符）代替分支名，就可以切换至上一个分支。当然，将 “-” 替换成 feature-A 同样可以切换到 feature-A 分支。

● 特性分支

Git 与 Subversion（SVN）等集中型版本管理系统不同，创建分支时不需要连接中央仓库，所以能够相对轻松地创建分支。因此，当今大部分工作流程中都用到了特性（Topic）分支。

特性分支顾名思义，是集中实现单一特性（主题），除此之外不进行任何作业的分支。在日常开发中，往往会创建数个特性分支，同时在此之外再保留一个随时可以发布软件的稳定分支。稳定分支的角色通常由 master 分支担当（图 4.3）。

图 4.3　特性分支的概念

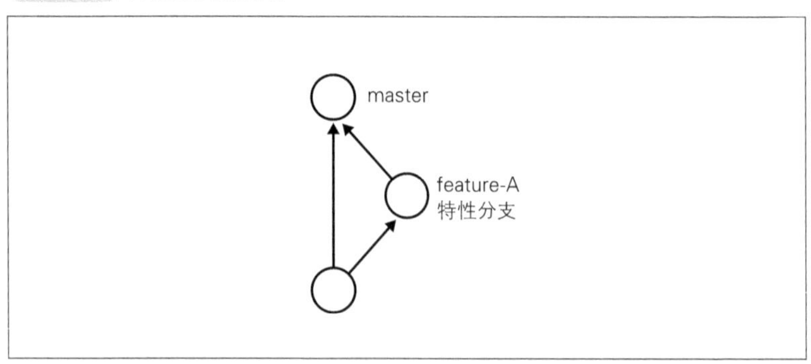

之前我们创建了 feature-A 分支，这一分支主要实现 feature-A，除 feature-A 的实现之外不进行任何作业。即便在开发过程中发现了 BUG，也需要再创建新的分支，在新分支中进行修正。

基于特定主题的作业在特性分支中进行，主题完成后再与 master 分支合并。只要保持这样一个开发流程，就能保证 master 分支可以随时供人查看。这样一来，其他开发者也可以放心大胆地从 master 分支创建新的特性分支。

● 主干分支

主干分支是刚才我们讲解的特性分支的原点，同时也是合并的终点。通常人们会用 master 分支作为主干分支。主干分支中并没有开发到一半的代码，可以随时供他人查看。

有时我们需要让这个主干分支总是配置在正式环境中，有时又需要用标签 Tag 等创建版本信息，同时管理多个版本发布。拥有多个版本发布时，主干分支也有多个。

● git merge——合并分支

接下来，我们假设 feature-A 已经实现完毕，想要将它合并到主干分支 master 中。首先切换到 master 分支。

```
$ git checkout master
Switched to branch 'master'
```

然后合并 feature-A 分支。为了在历史记录中明确记录下本次分支合并，我们需要创建合并提交。因此，在合并时加上 `--no-ff`参数。

```
$ git merge --no-ff feature-A
```

随后编辑器会启动，用于录入合并提交的信息。

```
Merge branch 'feature-A'


# Please enter a commit message to explain why this merge is necessary,
# especially if it merges an updated upstream into a topic branch.
#
# Lines starting with '#' will be ignored, and an empty message aborts
# the commit.
```

默认信息中已经包含了是从 feature-A 分支合并过来的相关内容，所以可不必做任何更改。将编辑器中显示的内容保存，关闭编辑器，然后就会看到下面的结果。

```
Merge made by the 'recursive' strategy.
 README.md | 2 ++
 1 file changed, 2 insertions(+)
```

这样一来，feature-A 分支的内容就合并到 master 分支中了。

● git log --graph——以图表形式查看分支

用git log --graph命令进行查看的话，能很清楚地看到特性分支（feature-A）提交的内容已被合并。除此以外，特性分支的创建以及合并也都清楚明了。

```
$ git log --graph

*   commit 83b0b94268675cb715ac6c8a5bc1965938c15f62
|\  Merge: fd0cbf0 8a6c8b9
| | Author: hirocaster <hohtsuka@gmail.com>
| | Date:   Sun May 5 16:37:57 2013 +0900
| |
| |     Merge branch 'feature-A'
| |
| * commit 8a6c8b97c8962cd44afb69c65f26d6e1a6c088d8
|/  Author: hirocaster <hohtsuka@gmail.com>
|   Date:   Sun May 5 16:22:02 2013 +0900
|
|       Add feature-A
|
* commit fd0cbf0d4a25f747230694d95cac1be72d33441d
| Author: hirocaster <hohtsuka@gmail.com>
| Date:   Sun May 5 16:10:15 2013 +0900
|
|     Add index
|
* commit 9f129bae19b2c82fb4e98cde5890e52a6c546922
  Author: hirocaster <hohtsuka@gmail.com>
  Date:   Sun May 5 16:06:49 2013 +0900

      First commit
```

git log --graph命令可以用图表形式输出提交日志，非常直观，请大家务必记住。

4.3　更改提交的操作

● git reset——回溯历史版本

通过前面学习的操作，我们已经学会如何在实现功能后进行提交，累积提交日志作为历史记录，借此不断培育一款软件。

Git 的另一特征便是可以灵活操作历史版本。借助分散仓库的优势，可以在不影响其他仓库的前提下对历史版本进行操作。

在这里，为了让各位熟悉对历史版本的操作，我们先回溯历史版本，创建一个名为 fix-B 的特性分支（图 4.4）。

图 4.4　回溯历史，创建 fix-B 分支

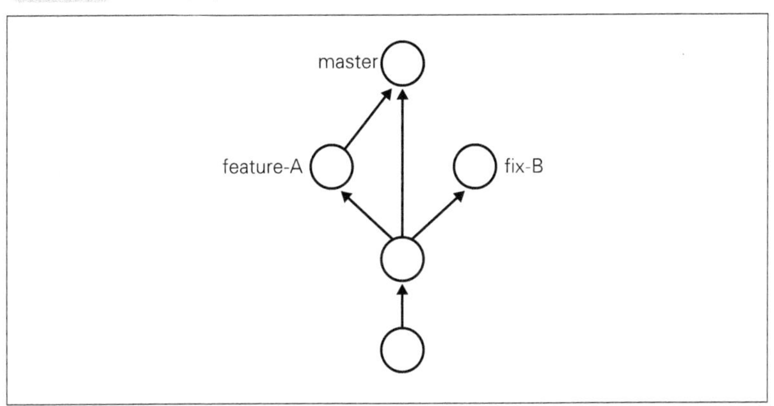

●……… 回溯到创建 feature-A 分支前

让我们先回溯到上一节 feature-A 分支创建之前，创建一个名为 fix-B 的特性分支。

要让仓库的 HEAD、暂存区、当前工作树回溯到指定状态，需要用到 `git reset --hard`命令。只要提供目标时间点的哈希值[①]，就可以

① 哈希值在每个环境中各不相同，读者请查看自身当前环境中 Add index 的哈希值，进行替换。

完全恢复至该时间点的状态。事不宜迟，让我们执行下面的命令。

```
$ git reset --hard fd0cbf0d4a25f747230694d95cac1be72d33441d
HEAD is now at fd0cbf0 Add index
```

我们已经成功回溯到特性分支（feature-A）创建之前的状态。由于所有文件都回溯到了指定哈希值对应的时间点上，README.md 文件的内容也恢复到了当时的状态。

●……… 创建 fix-B 分支

现在我们来创建特性分支（fix-B）。

```
$ git checkout -b fix-B
Switched to a new branch 'fix-B'
```

作为这个主题的作业内容，我们在 README.md 文件中添加一行文字。

```
# Git教程

  - fix-B
```

然后直接提交 README.md 文件。

```
$ git add README.md

$ git commit -m "Fix B"
[fix-B 4096d9e] Fix B
 1 file changed, 2 insertions(+)
```

现在的状态如图 4.5 所示。接下来我们的目标是图 4.6 中所示的状态，即主干分支合并 feature-A 分支的修改后，又合并了 fix-B 的修改。

图 4.5　当前 fix-B 分支的状态

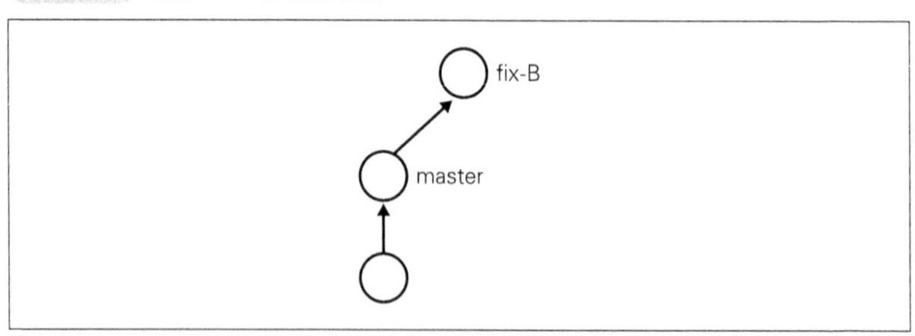

图 4.6 fix-B 分支的下一步目标

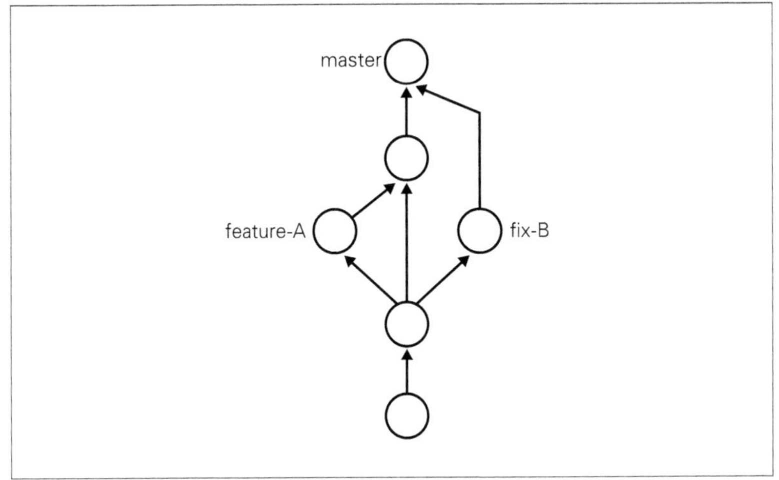

●……… 推进至 feature-A 分支合并后的状态

首先恢复到 feature-A 分支合并后的状态。不妨称这一操作为“推进历史”。

git log命令只能查看以当前状态为终点的历史日志。所以这里要使用git reflog命令，查看当前仓库的操作日志。在日志中找出回溯历史之前的哈希值，通过git reset --hard命令恢复到回溯历史前的状态。

首先执行git reflog 命令，查看当前仓库执行过的操作的日志。

```
$ git reflog
4096d9e HEAD@{0}: commit: Fix B
fd0cbf0 HEAD@{1}: checkout: moving from master to fix-B
fd0cbf0 HEAD@{2}: reset: moving to fd0cbf0d4a25f747230694d95cac1be72d33441d
83b0b94 HEAD@{3}: merge feature-A: Merge made by the 'recursive' strategy.
fd0cbf0 HEAD@{4}: checkout: moving from feature-A to master
8a6c8b9 HEAD@{5}: checkout: moving from master to feature-A
fd0cbf0 HEAD@{6}: checkout: moving from feature-A to master
8a6c8b9 HEAD@{7}: commit: Add feature-A
fd0cbf0 HEAD@{8}: checkout: moving from master to feature-A
fd0cbf0 HEAD@{9}: commit: Add index
9f129ba HEAD@{10}: commit (initial): First commit
```

在日志中，我们可以看到 commit、checkout、reset、merge 等 Git 命令的执行记录。只要不进行 Git 的 GC（Garbage Collection，垃圾回收），就可以通过日志随意调取近期的历史状态，就像给时间机器指定一个时间点，在过去未来中自由穿梭一般。即便开发者错误执行了 Git 操作，基本也都可以利用`git reflog`命令恢复到原先的状态，所以请各位读者务必牢记本部分。

从上面数第四行表示 feature-A 特性分支合并后的状态，对应哈希值为 83b0b94[①]。我们将 HEAD、暂存区、工作树恢复到这个时间点的状态。

```
$ git checkout master

$ git reset --hard 83b0b94
HEAD is now at 83b0b94 Merge branch 'feature-A'
```

之前我们使用`git reset --hard`命令回溯了历史，这里又再次通过它恢复到了回溯前的历史状态。当前的状态如图 4.7 所示。

图 4.7　恢复历史后的状态

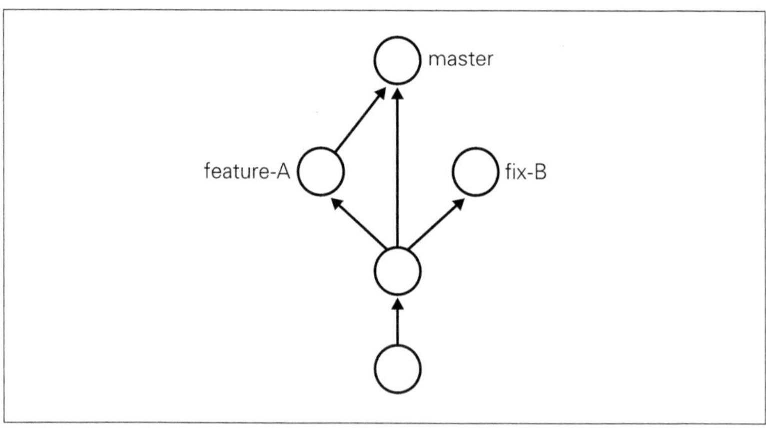

● 消除冲突

现在只要合并 fix-B 分支，就可以得到我们想要的状态。让我们赶快进行合并操作。

① 哈希值只要输入 4 位以上就可以执行。

```
$ git merge --no-ff fix-B
Auto-merging README.md
CONFLICT (content): Merge conflict in README.md
Recorded preimage for 'README.md'
Automatic merge failed; fix conflicts and then commit the result.
```

这时，系统告诉我们 README.md 文件发生了冲突（Conflict）。系统在合并 README.md 文件时，feature-A 分支更改的部分与本次想要合并的 fix-B 分支更改的部分发生了冲突。

不解决冲突就无法完成合并，所以我们打开 README.md 文件，解决这个冲突。

●……… 查看冲突部分并将其解决

用编辑器打开 README.md 文件，就会发现其内容变成了下面这个样子。

```
# Git教程

<<<<<<< HEAD
  - feature-A
=======
  - fix-B
>>>>>>> fix-B
```

======= 以上的部分是当前 HEAD 的内容，以下的部分是要合并的 fix-B 分支中的内容。我们在编辑器中将其改成想要的样子。

```
# Git教程

  - feature-A
  - fix-B
```

如上所示，本次修正让 feature-A 与 fix-B 的内容并存于文件之中。但是在实际的软件开发中，往往需要删除其中之一，所以各位在处理冲突时，务必要仔细分析冲突部分的内容后再行修改。

●……… 提交解决后的结果

冲突解决后，执行 `git add`命令与 `git commit`命令。

```
$ git add README.md

$ git commit -m "Fix conflict"
Recorded resolution for 'README.md'.
[master 6a97e48] Fix conflict
```

由于本次更改解决了冲突，所以提交信息记为 "Fix conflict"。

● git commit --amend——修改提交信息

要修改上一条提交信息，可以使用`git commit --amend`命令。

我们将上一条提交信息记为了 "Fix conflict"，但它其实是 fix-B 分支的合并，解决合并时发生的冲突只是过程之一，这样标记实在不妥。于是，我们要修改这条提交信息。

```
$ git commit --amend
```

执行上面的命令后，编辑器就会启动。

```
Fix conflict

# Please enter the commit message for your changes. Lines starting
# with '#' will be ignored, and an empty message aborts the commit.
# On branch master
# Changes to be committed:
#   (use "git reset HEAD^1 <file>..." to unstage)
#
#       modified:   README.md
#
```

编辑器中显示的内容如上所示，其中包含之前的提交信息。请将提交信息的部分修改为 Merge branch 'fix-B'，然后保存文件，关闭编辑器。

```
[master 2e7db6f] Merge branch 'fix-B'
```

随后会显示上面这条结果。现在执行`git log --graph`命令，可以看到提交日志中的相应内容也已经被修改。

```
$ git log --graph

*   commit 2e7db6fb0b576e9946965ea680e4834ee889c9d8
|\  Merge: 83b0b94 4096d9e
```

```
| | Author: hirocaster <hohtsuka@gmail.com>
| | Date:   Sun May 5 16:58:27 2013 +0900
| |
| |     Merge branch 'fix-B'
| |
| * commit 4096d9e856995a1aafa982aabb52bfc0da656b74
| | Author: hirocaster <hohtsuka@gmail.com>
| | Date:   Sun May 5 16:50:31 2013 +0900
| |
| |     Fix B
| |
* |   commit 83b0b94268675cb715ac6c8a5bc1965938c15f62
|\ \  Merge: fd0cbf0 8a6c8b9
| |/  Author: hirocaster <hohtsuka@gmail.com>
|/|   Date:   Sun May 5 16:37:57 2013 +0900
| |
| |       Merge branch 'feature-A'
| |
| * commit 8a6c8b97c8962cd44afb69c65f26d6e1a6c088d8
|/  Author: hirocaster <hohtsuka@gmail.com>
|   Date:   Sun May 5 16:22:02 2013 +0900
|
|       Add feature-A
|
* commit fd0cbf0d4a25f747230694d95cac1be72d33441d
| Author: hirocaster <hohtsuka@gmail.com>
| Date:   Sun May 5 16:10:15 2013 +0900
|
|     Add index
|
* commit 9f129bae19b2c82fb4e98cde5890e52a6c546922
  Author: hirocaster <hohtsuka@gmail.com>
  Date:   Sun May 5 16:06:49 2013 +0900

      First commit
```

● git rebase -i——压缩历史

在合并特性分支之前，如果发现已提交的内容中有些许拼写错误等，不妨提交一个修改，然后将这个修改包含到前一个提交之中，压缩成一个历史记录。这是个会经常用到的技巧，让我们来实际操作体会一下。

●……… 创建 feature-C 分支

首先，新建一个 feature-C 特性分支。

```
$ git checkout -b feature-C
Switched to a new branch 'feature-C'
```

作为 feature-C 的功能实现，我们在 README.md 文件中添加一行文字，并且故意留下拼写错误，以便之后修正。

```
# Git教程

  - feature-A
  - fix-B
  - faeture-C
```

提交这部分内容。这个小小的变更就没必要先执行 `git add` 命令再执行 `git commit` 命令了，我们用 `git commit -am` 命令来一次完成这两步操作。

```
$ git commit -am "Add feature-C"
[feature-C 7a34294] Add feature-C
 1 file changed, 1 insertion(+)
```

●……… 修正拼写错误

现在来修正刚才预留的拼写错误。请各位自行修正 README.md 文件的内容，修正后的差别如下所示。

```
$ git diff
diff --git a/README.md b/README.md
index ad19aba..af647fd 100644
--- a/README.md
+++ b/README.md
@@ -2,4 +2,4 @@

   - feature-A
   - fix-B
-  - faeture-C
+  - feature-C
```

然后进行提交。

```
$ git commit -am "Fix typo"
[feature-C 6fba227] Fix typo
 1 file changed, 1 insertion(+), 1 deletion(-)
```

错字漏字等失误称作 typo，所以我们将提交信息记为 "Fix typo"。

实际上，我们不希望在历史记录中看到这类提交，因为健全的历史记录并不需要它们。如果能在最初提交之前就发现并修正这些错误，也就不会出现这类提交了。

●……… 更改历史

因此，我们来更改历史。将"Fix typo"修正的内容与之前一次的提交合并，在历史记录中合并为一次完美的提交。为此，我们要用到git rebase命令。

```
$ git rebase -i HEAD~2
```

用上述方式执行git rebase命令，可以选定当前分支中包含HEAD（最新提交）在内的两个最新历史记录为对象，并在编辑器中打开。

```
pick 7a34294 Add feature-C
pick 6fba227 Fix typo

# Rebase 2e7db6f..6fba227 onto 2e7db6f
#
# Commands:
#  p, pick = use commit
#  r, reword = use commit, but edit the commit message
#  e, edit = use commit, but stop for amending
#  s, squash = use commit, but meld into previous commit
#  f, fixup = like "squash", but discard this commit's log message
#  x, exec = run command (the rest of the line) using shell
#
# These lines can be re-ordered; they are executed from top to bottom.
#
# If you remove a line here THAT COMMIT WILL BE LOST.
#
# However, if you remove everything, the rebase will be aborted.
#
# Note that empty commits are commented out
```

我们将6fba227的Fix typo的历史记录压缩到7a34294的Add feature-C里。按照下图所示，将6fba227左侧的pick部分删除，改写为fixup。

```
pick 7a34294 Add feature-C
fixup 6fba227 Fix typo
```

保存编辑器里的内容，关闭编辑器。

```
[detached HEAD 51440c5] Add feature-C
 1 file changed, 1 insertion(+)
Successfully rebased and updated refs/heads/feature-C.
```

系统显示 rebase 成功。也就是以下面这两个提交作为对象，将 "Fix typo"的内容合并到了上一个提交 "Add feature-C"中，改写成了一个新的提交。

- 7a34294 Add feature-C
- 6fba227 Fix typo

现在再查看提交日志时会发现 Add feature-C 的哈希值已经不是 7a34294 了，这证明提交已经被更改。

```
$ git log --graph

* commit 51440c55b23fa7fa50aedf20aa43c54138171137
| Author: hirocaster <hohtsuka@gmail.com>
| Date:   Sun May 5 17:07:36 2013 +0900
|
|     Add feature-C
|
*   commit 2e7db6fb0b576e9946965ea680e4834ee889c9d8
|\  Merge: 83b0b94 4096d9e
| | Author: hirocaster <hohtsuka@gmail.com>
| | Date:   Sun May 5 16:58:27 2013 +0900
| |
| |     Merge branch 'fix-B'
| |
| * commit 4096d9e856995a1aafa982aabb52bfc0da656b74
| | Author: hirocaster <hohtsuka@gmail.com>
| | Date:   Sun May 5 16:50:31 2013 +0900
| |
| |     Fix B
| |
省略
```

这样一来，Fix typo 就从历史中被抹去，也就相当于 Add feature-C 中从来没有出现过拼写错误。这算是一种良性的历史改写。

合并至 master 分支

feature-C 分支的使命告一段落，我们将它与 master 分支合并。

```
$ git checkout master
Switched to branch 'master'

$ git merge --no-ff feature-C
Merge made by the 'recursive' strategy.
 README.md | 1 +
 1 file changed, 1 insertion(+)
```

master 分支整合了 feature-C 分支。开发进展顺利。

4.4　推送至远程仓库

Git 是分散型版本管理系统，但我们前面所学习的，都是针对单一本地仓库的操作。下面，我们将开始接触远在网络另一头的远程仓库。远程仓库顾名思义，是与我们本地仓库相对独立的另一个仓库。让我们先在 GitHub 上创建一个仓库，并将其设置为本地仓库的远程仓库。

请参考第 3 章的 3.2 节在 GitHub 上新建一个仓库。为防止与其他仓库混淆，仓库名请与本地仓库保持一致，即 git-tutorial。创建时请不要勾选 Initialize this repository with a README 选项（图 4.8）。因为一旦勾选该选项，GitHub 一侧的仓库就会自动生成 README 文件，从创建之初便与本地仓库失去了整合性。虽然到时也可以强制覆盖，但为防止这一情况发生还是建议不要勾选该选项，直接点击 Create repository 创建仓库。

图 4.8　不要勾选该选项

Initialize this repository with a README
This will allow you to git clone the repository immediately.
Add .gitignore: None　Add a license: None

● git remote add——添加远程仓库

在 GitHub 上创建的仓库路径为“git@github.com:用户名 / git-tutorial.git”。现在我们用 git remote add命令将它设置成本地仓库的远程仓库[①]。

```
$ git remote add origin git@github.com:github-book/git-tutorial.git
```

按照上述格式执行 git remote add命令之后，Git 会自动将 git@github.com:github-book/git-tutorial.git远程仓库的名称设置为 origin（标识符）。

● git push——推送至远程仓库

●……… 推送至 master 分支

如果想将当前分支下本地仓库中的内容推送给远程仓库，需要用到 git push命令。现在假定我们在 master 分支下进行操作。

```
$ git push -u origin master
Counting objects: 20, done.
Delta compression using up to 8 threads.
Compressing objects: 100% (10/10), done.
Writing objects: 100% (20/20), 1.60 KiB, done.
Total 20 (delta 3), reused 0 (delta 0)
To git@github.com:github-book/git-tutorial.git
 * [new branch]      master -> master
Branch master set up to track remote branch master from origin.
```

像这样执行 git push命令，当前分支的内容就会被推送给远程仓库 origin 的 master 分支。-u参数可以在推送的同时，将 origin 仓库的 master 分支设置为本地仓库当前分支的 upstream（上游）。添加了这个参数，将来运行 git pull命令从远程仓库获取内容时，本地仓库的这个分支就可以直接从 origin 的 master 分支获取内容，省去了另外添加参数的麻烦。

执行该操作后，当前本地仓库 master 分支的内容将会被推送到 GitHub 的远程仓库中。在 GitHub 上也可以确认远程 master 分支的内容

---

① 本节讲解中使用的用户名为 github-book，读者请根据自身环境予以替换。

和本地 master 分支相同。

●……… 推送至 master 以外的分支

除了 master 分支之外，远程仓库也可以创建其他分支。举个例子，我们在本地仓库中创建 feature-D 分支，并将它以同名形式 push 至远程仓库。

```
$ git checkout -b feature-D
Switched to a new branch 'feature-D'
```

我们在本地仓库中创建了 feature-D 分支，现在将它 push 给远程仓库并保持分支名称不变。

```
$ git push -u origin feature-D
Total 0 (delta 0), reused 0 (delta 0)
To git@github.com:github-book/git-tutorial.git
 * [new branch]      feature-D -> feature-D
Branch feature-D set up to track remote branch feature-D from origin.
```

现在，在远程仓库的 GitHub 页面就可以查看到 feature-D 分支了。

4.5 从远程仓库获取

上一节中我们把在 GitHub 上新建的仓库设置成了远程仓库，并向这个仓库 push 了 feature-D 分支。现在，所有能够访问这个远程仓库的人都可以获取 feature-D 分支并加以修改。

本节中我们从实际开发者的角度出发，在另一个目录下新建一个本地仓库，学习从远程仓库获取内容的相关操作。这就相当于我们刚刚执行过 push 操作的目标仓库又有了另一名新开发者来共同开发。

● git clone——获取远程仓库

●……… 获取远程仓库

首先我们换到其他目录下，将 GitHub 上的仓库 clone 到本地。注意不要与之前操作的仓库在同一目录下。

```
$ git clone git@github.com:github-book/git-tutorial.git
Cloning into 'git-tutorial'...
remote: Counting objects: 20, done.
remote: Compressing objects: 100% (7/7), done.
remote: Total 20 (delta 3), reused 20 (delta 3)
Receiving objects: 100% (20/20), done.
Resolving deltas: 100% (3/3), done.
$ cd git-tutorial
```

执行`git clone`命令后我们会默认处于 master 分支下，同时系统会自动将 origin 设置成该远程仓库的标识符。也就是说，当前本地仓库的 master 分支与 GitHub 端远程仓库（origin）的 master 分支在内容上是完全相同的。

```
$ git branch -a
* master
  remotes/origin/HEAD -> origin/master
  remotes/origin/feature-D
  remotes/origin/master
```

我们用`git branch -a`命令查看当前分支的相关信息。添加`-a`参数可以同时显示本地仓库和远程仓库的分支信息。

结果中显示了 remotes/origin/feature-D，证明我们的远程仓库中已经有了 feature-D 分支。

●……… 获取远程的 feature-D 分支

我们试着将 feature-D 分支获取至本地仓库。

```
$ git checkout -b feature-D origin/feature-D
Branch feature-D set up to track remote branch feature-D from origin.
Switched to a new branch 'feature-D'
```

`-b`参数的后面是本地仓库中新建分支的名称。为了便于理解，我们仍将其命名为 feature-D，让它与远程仓库的对应分支保持同名。新建分支名称后面是获取来源的分支名称。例子中指定了 origin/feature-D，就是说以名为 origin 的仓库（这里指 GitHub 端的仓库）的 feature-D 分支为来源，在本地仓库中创建 feature-D 分支。

●……… 向本地的 feature-D 分支提交更改

现在假定我们是另一名开发者，要做一个新的提交。在 README.md 文件中添加一行文字，查看更改。

```
$ git diff
diff --git a/README.md b/README.md
index af647fd..30378c9 100644
--- a/README.md
+++ b/README.md
@@ -3,3 +3,4 @@
   - feature-A
   - fix-B
   - feature-C
+  - feature-D
```

按照之前学过的方式提交即可。

```
$ git commit -am "Add feature-D"
[feature-D ed9721e] Add feature-D
 1 file changed, 1 insertion(+)
```

●……… 推送 feature-D 分支

现在来推送 feature-D 分支。

```
$ git push
Counting objects: 5, done.
Delta compression using up to 8 threads.
Compressing objects: 100% (2/2), done.
Writing objects: 100% (3/3), 281 bytes, done.
Total 3 (delta 1), reused 0 (delta 0)
To git@github.com:github-book/git-tutorial.git
   ca0f98b..ed9721e  feature-D -> feature-D
```

从远程仓库获取 feature-D 分支，在本地仓库中提交更改，再将 feature-D 分支推送回远程仓库，通过这一系列操作，就可以与其他开发者相互合作，共同培育 feature-D 分支，实现某些功能。

● git pull——获取最新的远程仓库分支

现在我们放下刚刚操作的目录，回到原先的那个目录下。这边的本地仓库中只创建了 feature-D 分支，并没有在 feature-D 分支中进行任何提交。然而远程仓库的 feature-D 分支中已经有了我们刚刚推送的提交。这时我们就可以使用 git pull 命令，将本地的 feature-D 分支更新到最新状态。当前分支为 feature-D 分支。

```
$ git pull origin feature-D
remote: Counting objects: 5, done.
remote: Compressing objects: 100% (1/1), done.
remote: Total 3 (delta 1), reused 3 (delta 1)
Unpacking objects: 100% (3/3), done.
From github.com:github-book/git-tutorial
 * branch            feature-D  -> FETCH_HEAD
 First, rewinding head to replay your work on top of it...
 Fast-forwarded feature-D to ed9721e686f8c588e55ec6b8071b669f411486b8.
```

GitHub 端远程仓库中的 feature-D 分支是最新状态，所以本地仓库中的 feature-D 分支就得到了更新。今后只需要像平常一样在本地进行提交再 push 给远程仓库，就可以与其他开发者同时在同一个分支中进行作业，不断给 feature-D 增加新功能。

如果两人同时修改了同一部分的源代码，push 时就很容易发生冲突。所以多名开发者在同一个分支中进行作业时，为减少冲突情况的发生，建议更频繁地进行 push 和 pull 操作。

4.6 帮助大家深入理解 Git 的资料

至此为止，阅读并理解本书所必需的 Git 操作已经全部讲解完了。但是在实际的开发现场，往往要用到更加高级的 Git 操作。这里，我们向各位介绍一些参考资料，能够帮助各位深入理解 Git 的相关知识。

● Pro Git

*Pro Git*① 由就职于 GitHub 公司的 Scott Chacon② 执笔，是一部零基础的 Git 学习资料。基于知识共享的 CC BY-NC-SA 3.0 许可协议，各位可

① http://git-scm.com/book/zh/v1

② https://github.com/schacon

以免费阅读到包括简体中文在内的各国语言版本。

● LearnGitBranching

LearnGitBranching[①] 是学习 Git 基本操作的网站（图 4.9）。注重树形结构的学习方式非常适合初学者使用，点击右下角的地球标志还可切换各种语言进行学习。

图 4.9 LearnGitBranching（简体中文版）

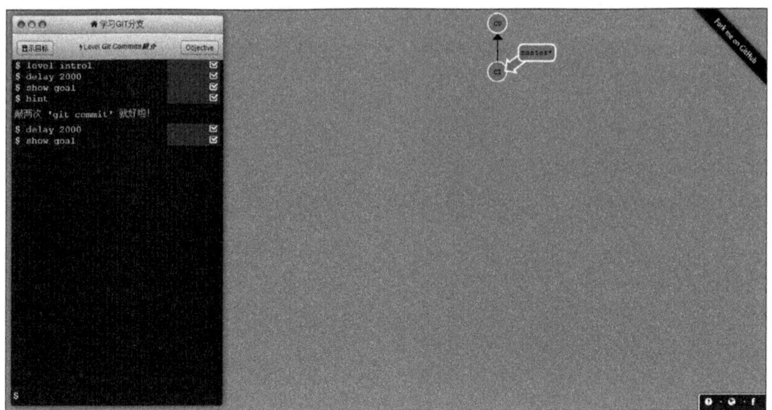

● tryGit

通过 tryGit[②] 我们可以在 Web 上一边操作一边学习 Git 的基本功能（图 4.10）。很可惜该教程只有英文版。

---

① http://pcottle.github.io/learnGitBranching/

② http://try.github.io/

图 4.10　tryGit

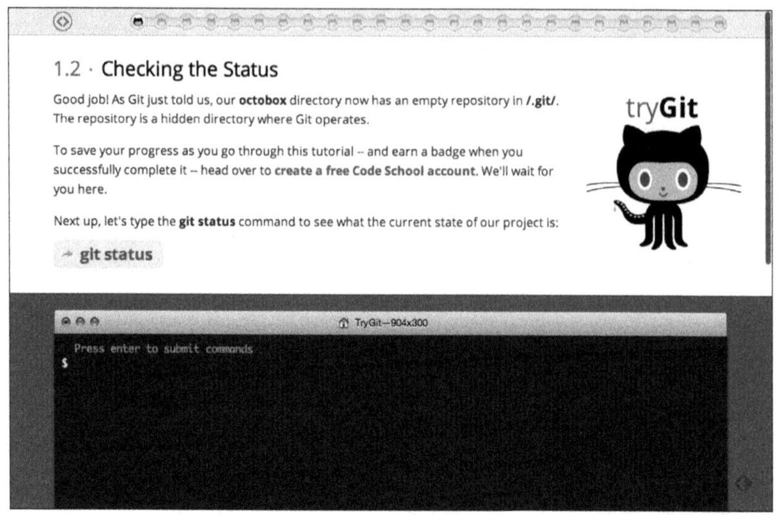

4.7　小结

本章就理解本书所必需的 Git 操作进行了讲解。只要掌握了本章的知识，就足以应付日常开发中的大部分操作了。

遇到不常用的特殊操作时，还请各位读者查阅本书介绍的参考资料，确保操作的正确性。

第5章

详细解说GitHub的功能

GitHub 为实现社会化编程提供了诸多功能。本章就请各位读者随我们一起边看页面边学习，加深对 GitHub 丰富功能的理解。

5.1　键盘快捷键

在 GitHub 中，很多页面都可以使用键盘快捷键。熟悉键盘操作，能够让 GitHub 变得更加便捷。

在各个页面按下 shift + / 都可以打开键盘快捷键一览表（图 5.1），查看当前页面的快捷键。如果想要感受更加快捷的操作，不妨亲自试一试。

图 5.1　按下 shift + / 显示快捷键一览表

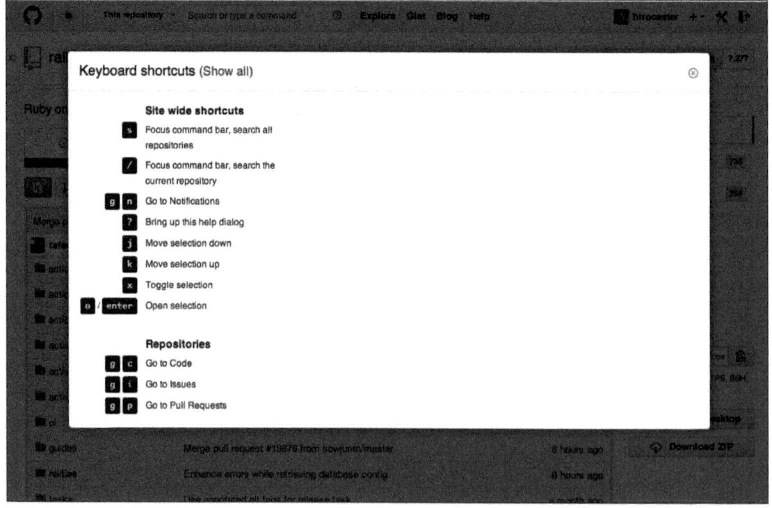

5.2 工具栏

● 关于 UI

工具栏常驻于各个页面的上端，让我们先来讲解它的相关知识（图 5.2）。

图 5.2 工具栏

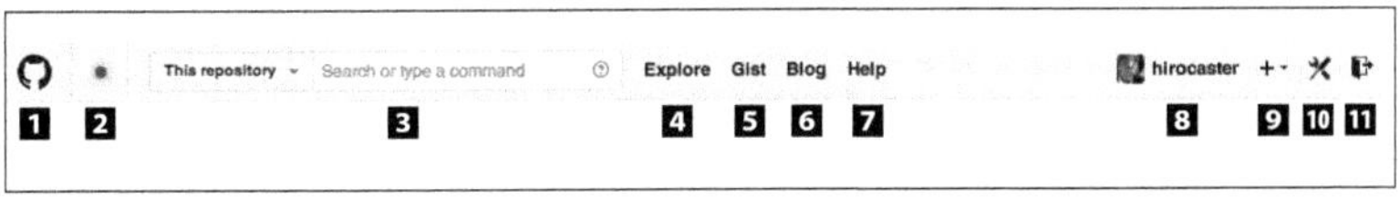

●……1 LOGO

点击 GitHub 的 LOGO 就会进入控制面板。控制面板的相关知识将在后面讲解。

●……2 Notifications

这一图标用于提示用户是否有新的通知。当图标为蓝色时表示有未读通知。用户在新建 Issue、被评论、进行 Pull Request 等时都会收到通知。另外，按照默认设置，用户在 GitHub 收到的通知会同时发送到该用户的注册邮箱。邮箱接收通知的相关设置在 Account settings 中进行[①]。

●……3 搜索窗口

在这里输入想找的用户或代码片段，就可以搜索到与之相关的信息。

●……4 Explore

从各个角度介绍 GitHub 上的热门软件。

---

① https://github.com/settings/notifications

- GitHub 公司特别介绍的软件（附开发者制作的视频）
- 按语言筛选本日 / 周 / 月的热门仓库 / 开发者[1]

在这里有机会了解到最尖端的技术和软件。作为一名程序员，可以在上面找到许多灵感。建议各位定期关注一下这里。笔者也经常借助语言筛选器查询各语言的顶尖代码库。

●……5 Gist

Gist 功能主要用于管理及发布一些没必要保存在仓库中的代码，比如小的代码片段等。笔者就经常把一些随便编写的脚本代码等放在 Gist 中。系统会自动管理更新历史，并且提供了 Fork 功能。另外，通过 Gist 还可以很方便地为同事编写代码示例。

在 Gist 上添加的代码示例可以嵌入博客中。当然，如果选择了语言，还会自动添加语法高亮。详细介绍请参考附录 B。

●……6 Blog

这是到 GitHub 公司官方博客的超链接，GitHub 公司会在上面发布通知。新功能的通知、新入职员工的介绍、drinkup 聚会的信息等都会在上面定期发布。

●……7 Help

GitHub 相关的帮助。虽然只有英文版，但用的都是比较简单的英文，遇到不懂的地方不妨在这里查一下。

●……8 头像、用户名

点击后会显示用户的个人信息页面。个人信息页面将在后面进行讲解。

●……9 Create a new...

创建新的 Git 仓库或 Organization，向 Organization 添加成员、小

---

① https://github.com/trending

组、仓库，为仓库添加 Issue 或 collaborator 等操作的菜单都聚集在这里。显示内容会根据当前页面不同而改变。

●……⑩ Account settings

Account settings 的图标是一把螺丝刀和一柄锤子，点击它可以打开账户设置页面。在这里可以进行个人信息、安全管理、付费方案的设置，各位在使用 GitHub 时请务必浏览一遍。

●……⑪ Sign out

点击这个按钮可以退出 GitHub。

5.3　控制面板

● 关于 UI

现在为各位讲解登录 GitHub 时最先显示在我们眼前的控制面板（图 5.3）。

图 5.3　控制面板

●········· ❶ News Feed

显示当前已 Follow 的用户和已 Watch 的项目的活动信息，用户可以在这里查看最新动向。将右上角 RSS 标志的 URL 添加到 RSS 阅读器中，还可以通过 RSS 查看。

●········· ❷ Pull Requests

显示用户已进行过的 Pull Request。通过这里，开发者可以很方便地追踪 Pull Request 的后续情况。

●········· ❸ Issues

在这里可以查看用户拥有权限的仓库或分配给自己的 Issue。当用户同时进行多个项目时，可以在这里一并查看 Issue。

●········· ❹ Stars

以列表的形式显示用户添加了 Star 的仓库。有些仓库需要经常查找，但又不必在 Watch 中频繁显示详细信息时，可以给这些仓库添加 Star，方便自己随时在这一栏中找到它们。

●········· ❺ Broadcast

主要用于接收 GitHub 公司发来的通知或使用技巧的小贴士。

●········· ❻ Repositories you contribute to

显示用户做过贡献的仓库。按贡献时间的先后顺序排列。

●········· ❼ Your Repositories

按更新时间顺序显示用户的仓库。标有钥匙图案的是非公开仓库，标有类似字母 Y 图案的是用户 Fork 过的仓库。

5.4 个人信息

访问下述 URL，就可以看到各位的个人信息。

```
https://github.com/用户名
```

● 关于 UI

我们以 Chris Wanstrath 的个人信息页（图 5.4）为例进行讲解。

图 5.4 个人信息

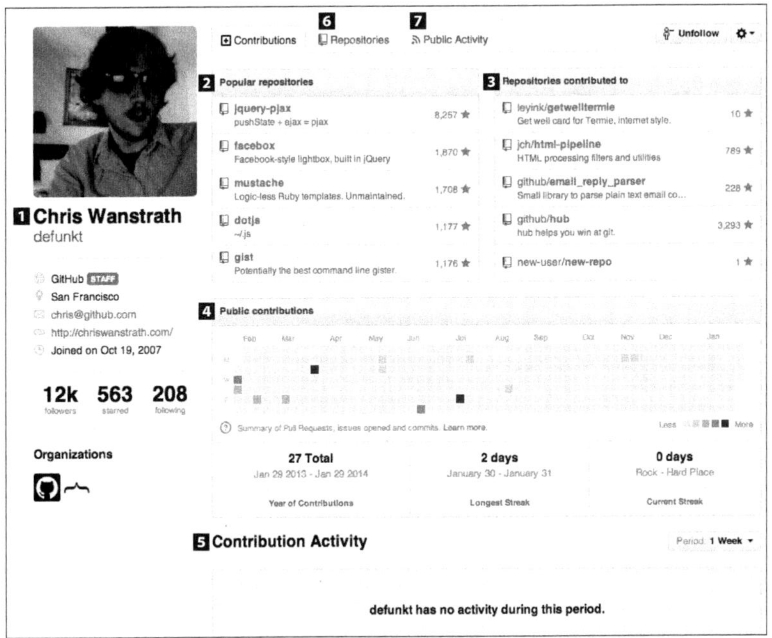

●……… 1 用户信息

这里显示注册用户的基本信息，包括姓名、所属公司、邮箱地址、已加入的 Organization 等。如果对该用户感兴趣，可以点击页面右上角的 Follow 按钮（已经 Follow 的用户会显示 Unfollow）。这样一来，这个人在 GitHub 上的活动都会显示在您的 News Feed 中。

●……… 2 Popular Repositories

显示公开仓库中受欢迎的、拥有大量 Star 的部分热门仓库。

●……… 3 Repositories contributed to

按时间的先后顺序显示该用户做过贡献的部分仓库。该用户可能是这个仓库的软件开发者，也可能只是通过发送 Pull Request 等方式对该仓库做过某些贡献。

●……… 4 Public contributions

一格表示一天，记录当日用户对拥有读取权限的仓库的大致贡献度。贡献度的衡量标准包括发送 Pull Request 的次数、写 Issue 的次数、进行提交的次数等。颜色越深代表贡献度越高。一名程序员绿色的天数越多，证明他对 GitHub 越熟悉。

●……… 5 Contribution Activity

按时间顺序显示具体贡献活动的链接。

●……… 6 Repositories

显示该用户公开的仓库（图 5.5）。Fork 来的仓库也显示在这里。

仓库名称、简要说明、使用的语言、最终更新日期都会出现在列表中。星形图案旁边的数字表示给这个仓库添加 Star 的人数，再旁边是被 Fork 数。

背景显示的图标表示这个仓库的更新频率。横向为时间轴，右侧为最新时间。表中色块越高，该仓库的更新频率也就越高。

图 5.5 Repositories 标签页

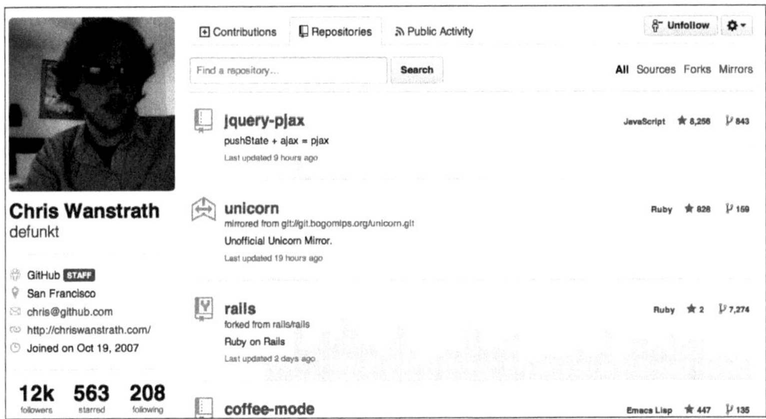

7 Public Activity

显示该用户的公开活动（图 5.6）。活动就是指这个用户做了什么，比如向仓库进行提交或者 Pull Request 等，其大量的公开信息都会记录在这里。

从这里可以了解到该用户平常都在 GitHub 上做些什么。比如查看一下崇拜已久的程序员的公开活动，就可以知道他现在关注些什么，或者正在热心于开发些什么。

图 5.6 Public Activity 标签页

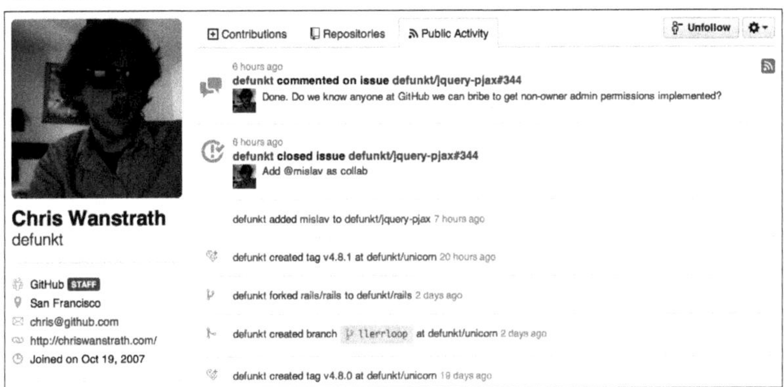

5.5　仓库

仓库的 URL 形式如下所示。

```
https://github.com/用户名/仓库名
```

这个页面可以说是各个软件的大门。循着目录找下去我们就可以查阅自己想要的文件。如果有相应权限，还可以对文件的内容直接进行编辑、提交。

● 关于 UI

我们以图 5.7 为例进行说明。特别重要的项目会在本章后半部分重新详细讲解。

●……… ❶ 用户名（组织名）/ 仓库名

左上角图标旁边显示的是用户名和仓库名。斜线左侧为用户名。使用 GitHub 的组织账户时，这一部分则为组织名。斜线右侧是仓库名。

●……… ❷ Watch/Star/Fork

眼睛图标旁边写着 Watch 字样。点击这个按钮就可以 Watch 该仓库，今后该仓库的更新信息会显示在用户的公开活动中。Star 旁边的数字表示给这个仓库添加 Star 的人数。这个数越高，代表该仓库越受关注。

Watch 与 Star 有所不同，Watch 之后该仓库的相关信息会在后述的 Notifications 中显示，让用户可以追踪仓库的内容，而 Star 更像是书签，让用户将来可以在 Star 标记的列表中找到该仓库。另外，Star 数还是 GitHub 上判断仓库热门程度的指标之一。

旁边的分叉图标是 Fork 按钮。后面的数字代表该仓库被 Fork 至各用户仓库的次数。这个数字越大，表示参与这个仓库开发的人越多。

图 5.7 仓库页面

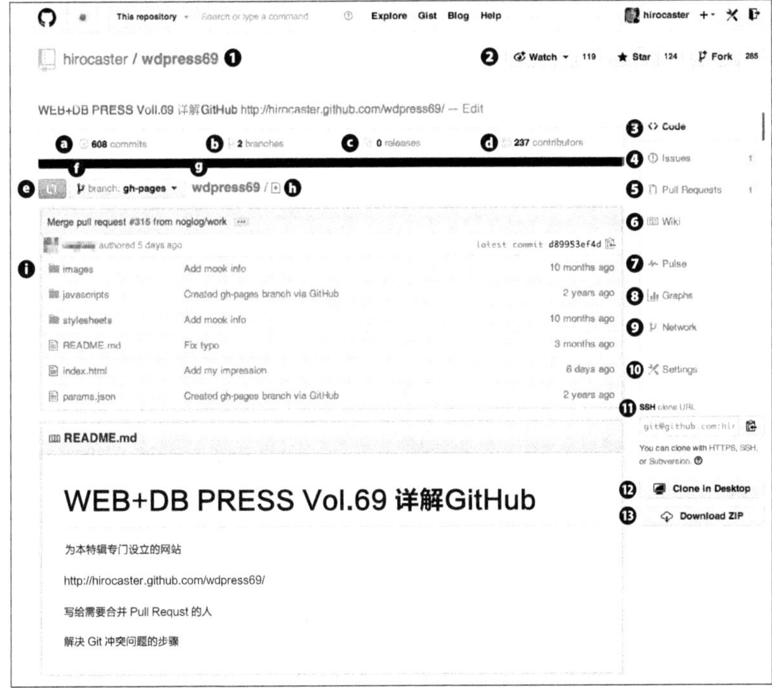

●……… ❸ Code

显示该仓库中的文件列表。仓库名下方是该仓库的简单说明和URL。

●……… ❹ Issue

用于 BUG 报告、功能添加、方向性讨论等，将这些以 Issue 形式进行管理。Pull Request 时也会创建 Issue。旁边显示的数字是当前处于 Open 状态的 Issue 数。

●……… ❺ Pull Requests

在 Pull Requests 中可以列表查看并管理 Pull Request。代码的更改和讨论都可以在这里进行。旁边显示的数字表示尚未 Close 的 Pull Request

的数量。

●········ ❻ Wiki

Wiki 是一种比 HTML 语法更简单的页面描述功能。常用于记录开发者之间应该共享的信息或软件文档。数字表示当前 Wiki 的页面数量。

●········ ❼ Pulse

显示该仓库最近的活动信息。该仓库中的软件是无人问津，还是在火热地开发之中，从这里可以一目了然。

●········ ❽ Graphs

以图表形式显示该仓库的各项指标。让用户轻松了解该仓库的活动倾向。

●········ ❾ Network

以图表形式直观地显示出当前仓库的状态及 Fork 出的仓库的状态。同时会显示成员列表。

●········ ❿ Settings

这里可以更改当前仓库的设置。用户必须拥有更改设置的权限才能看到这个菜单。

●········ ⓫ SSH clone URL

clone 仓库时所需的 URL。点击右侧的剪贴板图标可以将 URL 复制到剪贴板中。点击 HTTPS、SSH、Subversion 图标可以切换至相应协议的 URL。

●········ ⓬ Clone in Desktop

启动 GitHub 专用的客户端应用程序并进行 clone。GitHub 专用的客户端应用程序有 Windows 版和 Mac 版，详细情况请参考附录 A 的讲解。

⓭ Download ZIP

将当前正在阅览的分支中的文件以 ZIP 形式打包下载。这种方式与 Git 的 clone 不同，只是单纯将文件下载到本地，所以无法通过 Git 查看日志或对仓库进行更改。如果只是想使用仓库中的文件，比较适合用这种方式下载。

ⓐ commits

在这里可以查看当前分支的提交历史。左侧的数字表示提交数。

ⓑ branches

可以查看仓库的分支列表。左侧的数字表示当前拥有的分支数。

ⓒ releases

显示仓库的标签（Tag）列表。同时可以将标签加入时的文件以归档形式（ZIP、tar.gz）下载到本地。软件在版本升级时一般都会打标签，如果需要特定版本的文件，可以从这里寻找。

ⓓ contributors

显示对该仓库进行过提交的程序员名单。如果您也对该仓库发送过 Pull Request 并且被采纳，那么在这里就能找到自己的名字。左边的数字是程序员的人数。

ⓔ Compare & review

可以查看当前显示的分支与其他分支的差别，以便进行审查。点击这个按钮，会出现一个页面让用户选择比较对象。

ⓕ branch

显示当前分支的名称。从这里可以切换仓库内分支，查看其他分支的文件。

●········ ⓖ path

显示当前文件列表的路径。点击上级目录的链接就可以直接移动至该目录。

●········ ⓗ Fork this project and Create a new file

可以在当前仓库的路径下新建文件。新建文件作为一个新的提交，记录在 Fork 出的分支中。

如果用户对该仓库拥有足够权限，该项则显示为 Create a new file，用户可以直接在当前路径下新建文件。

●········ ⓘ files

可以查看当前分支的文件。顶端为最新提交的相关信息。在文件或目录的列表中，从左至右分别为文件名称、该文件最新的提交日志、更新日期。点击目录或文件就可以查看相应内容。

如果当前目录中包含 README 文件，那么在文件列表下方会显示 README。一般而言，README 中记录着该仓库中软件的说明或使用方法以及许可协议等信息，请务必加以阅读。

● 文件的相关操作

点开文件后会显示出文件的内容，同时右上角会显示用于该文件的菜单（图 5.8）。Edit 可以对文件内容进行编辑并提交。Raw 可以直接在浏览器中显示该文件的内容。使用这个 URL，就能通过 HTTPS 协议获取该文件。Blame 能够按行显示最新提交的信息。History 可以查看该文件的历史记录。Delete 可以删除这个文件。

图 5.8 文件相关操作的菜单

文件内容的左侧会显示该文件的行号。假如我们点击第 10 行的行号，这一行就会被高亮标记为黄色，同时 URL 末尾会自动添加

“#L10”。使用这个 URL，程序员们在交流时，就可以将讨论明确指向某一行。另外，如果将“#L10”改成“#L10-L15”，则会标记该文件的第 10～15 行。各位不妨将这点记下来，以便日后应用。

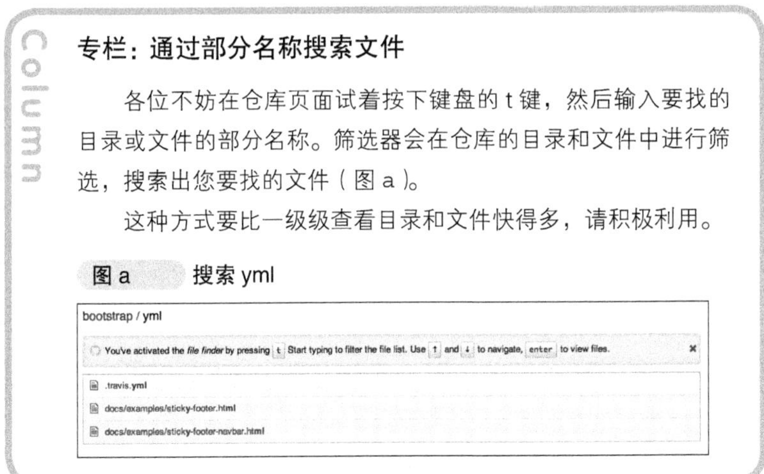

Column

专栏：通过部分名称搜索文件

各位不妨在仓库页面试着按下键盘的 t 键，然后输入要找的目录或文件的部分名称。筛选器会在仓库的目录和文件中进行筛选，搜索出您要找的文件（图 a）。

这种方式要比一级级查看目录和文件快得多，请积极利用。

图 a 搜索 yml

● 查看差别

在 GitHub 上，直接修改 URL 就可以让用户以多种形式查看差别。这里我们以 Ruby on Rails 的仓库[①]为例，给各位介绍直接修改 URL 的一些技巧。

●……… 查看分支间的差别

比如我们想查看 4-0-stable 分支与 3-2-stable 分支之间的差别，可以像下面这样将分支名加到 URL 里。

```
https://github.com/rails/rails/compare/4-0-stable...3-2-stable
```

这样，就可以查看两个分支间的差别了（图 5.9）。可以看到，有 65 名程序员经过 1710 次提交，完成了 3.2 版本到 4.0 版本的升级工作。

① https://github.com/rails/rails/

图 5.9　3-2-stable 与 4-0-stable 的差别

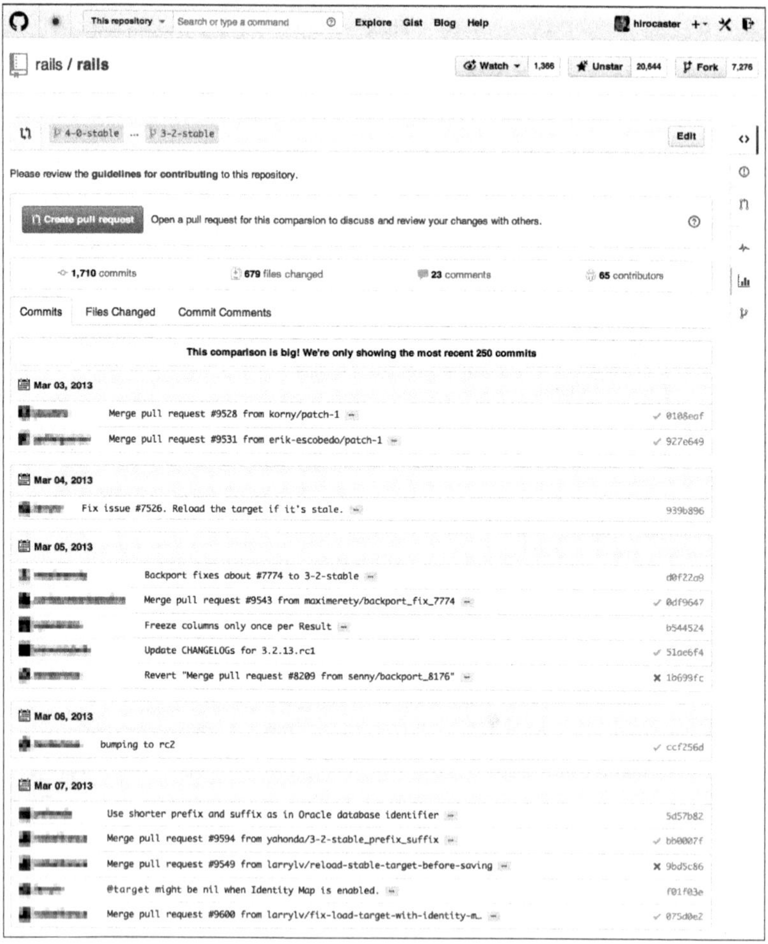

●……… 查看与几天前的差别

假如我们想查看 master 分支在最近 7 天内的差别，可以像下面这样这样将时间加入 URL。

```
https://github.com/rails/rails/compare/master@{7.day.ago}...master
```

这样，就可以查看这段期间内的差别。

- day
- week
- month
- ycar

指定期间可以使用以上四个时间单位。如果差别过大则不会列出所有提交，只显示最近的一部分。

●……… 查看与指定日期之间的差别

假设我们想查看 master 分支 2013 年 1 月 1 日与现在的区别，可以将日期加入 URL。

```
https://github.com/rails/rails/compare/master@{2013-01-01}...master
```

这样，便可以查看与指定日期之间的差别。但是如果指定日期与现在的差别过大，或者指定日期过于久远，则无法显示。

由于可以从多种角度查看差别，所以 GitHub 也称得上是一个优秀的源代码查看器。各位不妨记住直接修改 URL 来查看差别的方法，当遇到上述情况时，它能帮您节省不少时间。

5.6 Issue

在软件开发过程中，开发者们为了跟踪 BUG 及进行软件相关讨论，进而方便管理，创建了 Issue。管理 Issue 的系统称为 BTS（Bug Tracking System，BUG 跟踪系统）。当今具有代表性的 BTS 有 Redmine[①]、Trac[②]、Bugzilla[③] 等。

GitHub 也为自身加入了 BTS 的功能。在 GitHub 上，可以将它作为

---

① http://www.redmine.org/

② http://trac.edgewall.org/

③ http://www.bugzilla.org/

软件开发者之间的交流工具，多多加以利用。遇到下面几种情况时，各位就可以使用这个功能。

- 发现软件的 BUG 并报告
- 有事想向作者询问、探讨
- 事先列出今后准备实施的任务

Issue 除 BUG 管理之外还有许多其他用途。在软件开发者的圈子中，将 Issue 用于多种用途的情况已经司空见惯。作为 GitHub 的功能之一，想必今后会有更多人自然而然地用到它。所以借此机会，让我们来共同学习 Issue 的一些简单用法。

● 简洁且表现力丰富的描述方法

GitHub 的 Issue 及评论可以使用 GFM[①] 语法进行描述，从而获得丰富的表现力。比如像图 5.10 中那样描述，然后点击 Preview，就可以看到图 5.11 中那种标记后的效果。

图 5.10 Markdown 语法示例

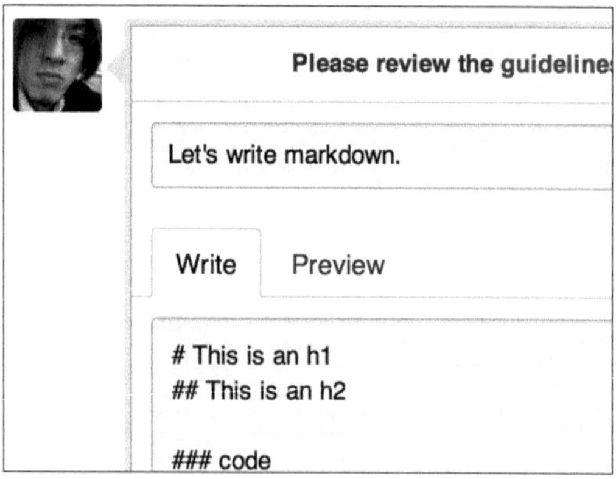

① https://help.github.com/articles/github-flavored-markdown

图 5.11 Markdown 语法效果预览

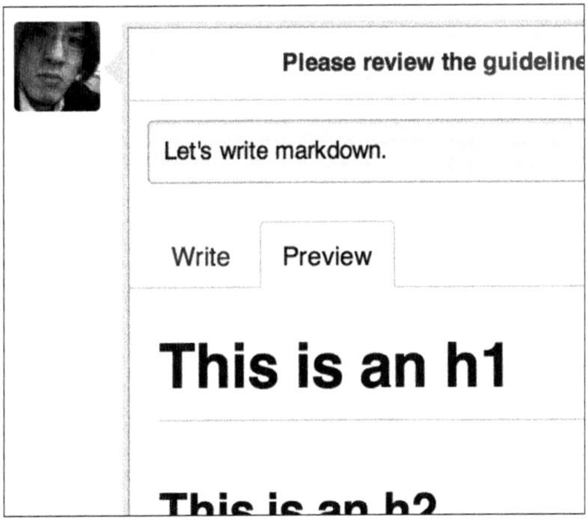

在文本框旁边可以找到 GFM 语法相关帮助的链接（图 5.12）。

图 5.12 Markdown 语法备忘表的链接

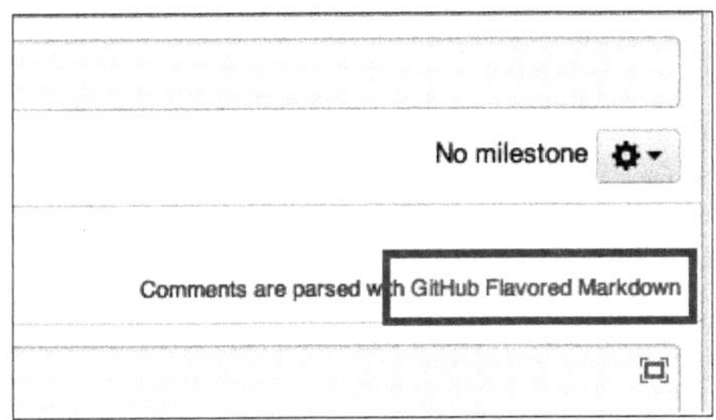

语法高亮

假设我们像下面这样，先指定语言再描述代码。

`````
````ruby
def hello_world
  puts 'Hello World!'
end
````
`````

这样一来，代码就会如图 5.13 所示被添加语法高亮[①]，变得直观易读。

① 将代码的关键字变色或改变字体，从而提高可读性。

图 5.13 添加语法高亮后的代码

hirocaster commented
def hello_world
puts 'Hello World!'
end

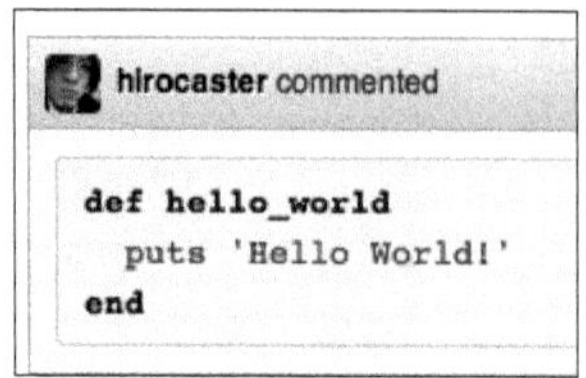

●……… 添加图片

添加图片也十分简单。只需将图片拖曳到文本框中便可以粘贴图片。选择图 5.14 中的链接会弹出对话框，在这里也可以完成同样的操作。GitHub 的网站上也有相关内容的详细讲解，各位不妨参考一下[①]。

图 5.14 添加图片的链接

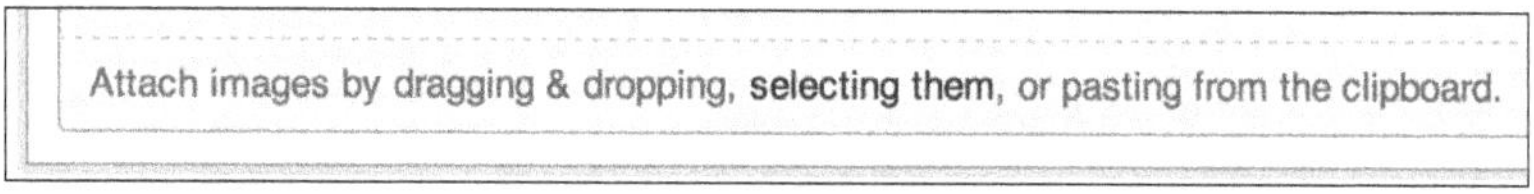

Attach images by dragging & dropping, selecting them, or pasting from the clipboard.

● 添加标签以便整理

Issue 可以通过添加标签（Label）来进行整理。添加标签后，Issue 的左侧就会显示标签（图 5.15）。点击页面左侧的标签，还可以只显示该类标签的 Issue。

标签可以自由创建。既可以像图 5.15 那样按语言和技术分类，也可以按照 BUG、任务、备忘等作业类型分类。各位可以按照需要选择便于整理的标签。

提个小建议：其实在 Issue 比较少的情况下不必每个都添加标签，大可等 Issue 积攒到一定数量，只有进行筛选才能清晰把握时再添加标签。

① https://help.github.com/articles/issue-attachments

图 5.15 添加了标签的 Issue

Mirror 1 component (navs) #8431
Opened by alaa13212 16 hours ago

fix faulty input-group-btn display in firefox css #8429
Opened by rmehta a day ago

Document show,shown,hide,hidden tooltip/popover events js #8428
Opened by cvrebert a day ago

Fixed left tooltip positioning js #8427
Opened by prezjordan a day ago 2 comments

Replace position() with offset() in scrollspy.js js #8419
Opened by hollensteiner 2 days ago

"dropdown-menu input-append" is overriden by form-* .input-append class css #8418
Opened by jezozwierzak 2 days ago

[3.0 feature request] Put all jQuery plugins under one prototype namespace js #8409
Opened by gfranko 3 days ago

Carousel buttons that aren't dependent on Glyphicons css #8402
Opened by mauricew 4 days ago

● 添加里程碑以便管理

除标签外，还可以通过添加里程碑来管理 Issue。通过图 5.16 可以看出，项目距离下一个版本（3.0.0 版）还有 6 个 Issue 需要实施，整体的 96% 已经实施完毕并 Close。从这里的链接我们可以查看剩余的 Issue。

设置里程碑，就可以用 Issue 来管理任务。

图 5.16 version 3.0.0 的里程碑

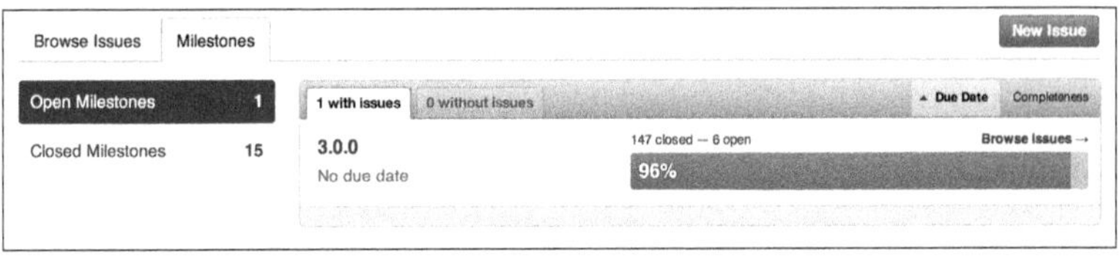

Column

专栏：了解贡献时的规则！

在描述 Issue 时，常常会看到图 a中这种贡献规范的链接。在该仓库的根目录下添加 CONTRIBUTING.md 文件后该链接就会显示出来[注a]。

规范的内容一般包括报告时 Issue 的描述方法、Pull Request 时的规则或要求、许可证的相关信息等。为了在开源项目开发中能与其他人和谐相处，请务必在贡献之前仔细阅读这些规范。

图 a 规范的链接

Please review the guidelines for contributing to this repository.

注 a https://github.com/blog/1184-contributing-guidelines

● Tasklist 语法

我们可以使用 GFM 的一项独有功能，那就是 Tasklist 语法[①]。首先试着按下面的格式进行描述。

```
# 本月要做的任务
- [ ] 完成图片
- [x] 完成部署工具的设置
- [ ] 实现抽签功能
```

这样一来，这段文字就会被标记成复选列表的样式（图 5.17）。这个复选列表可以直接勾选或者取消，不必打开 Issue 的编辑页面重新编辑，十分方便，建议各位记住这个功能。

① https://github.com/blog/1375-task-lists-in-gfm-issues-pulls-comments

图 5.17 Tasklist 语法

本月要做的任务

- [ ] 完成图片
- [x] 完成部署工具的设置
- [ ] 实现抽签功能

● 通过提交信息操作 Issue

在 GitHub 上，只要按照特定的格式描述提交信息，就可以像一般 BTS 带有的功能那样对 Issue 进行操作。

●……… 在相关 Issue 中显示提交

在 Issue 一览表中我们可以看到，每一个 Issue 标题的下面都分配了诸如“#24”的编号。只要在提交信息的描述中加入“#24”，就可以如图 5.18 所示，在 Issue 中显示该提交的相关信息，使关联的提交一目了然。这里只需轻轻点击一下便可以显示相应提交的具体内容，在代码审查时省去了从大量提交日志中搜索相应提交的麻烦，非常方便。

图 5.18 提交信息

Add feature user add #24 c561007

●……… Close Issue

如果一个处于 Open 状态的 Issue 已经处理完毕，只要在该提交中以下列任意一种格式描述提交信息，对应的 Issue 就会被 Close。

- fix #24
- fixes #24
- fixed #24
- close #24
- closes #24

- closed #24
- resolve #24
- resolves #24
- resolved #24

利用这个方法，每次提交并 push 之后，就不必再大费周章地到 GitHub 的 Issue 中寻找相应 Issue 再手动 Close，省去不少麻烦。

像这样，只要按照特定的格式描述提交信息，GitHub 就会自动识别并处理，让使用 GitHub 变得更加轻松。目前，很多 GitHub 之外的 BTS 也实现了这一功能，记住它绝对是有利无弊的。

● 将特定的 Issue 转换为 Pull Request

在 GitHub 上，如果给 Issue 添加源代码，它就会变成我们马上要讲到的 Pull Request。Issue 与 Pull Request 的编号相互通用，通过 GitHub 的 API 可以将特定的 Issue 转换为 Pull Request，能够完成这一操作的 hub 命令将在本书的 8.1 节中讲解。在这里，各位只要先记住 Issue 与 Pull Request 的编号通用即可。

5.7 Pull Request

Pull Request 是用户修改代码后向对方仓库发送采纳请求的功能，也是 GitHub 的核心功能（图 5.19）。正因为有了这个功能，才会让众多开发者轻松地加入到开源开发的队伍中来。

在 Pull Request 页面能够列表查看当前处于 Open 状态的 Pull Request。通过点击页面左部和上部的选项可以进行筛选和重新排列。

在列表中点击特定的 Pull Request 就会进入详细页面（图 5.20）。页面上方显示着这次是从谁的哪个分支向谁的哪个分支发送了 Pull Request。下面，我们对各个标签（Tag）页进行讲解。

图 5.19 Pull Request 一览

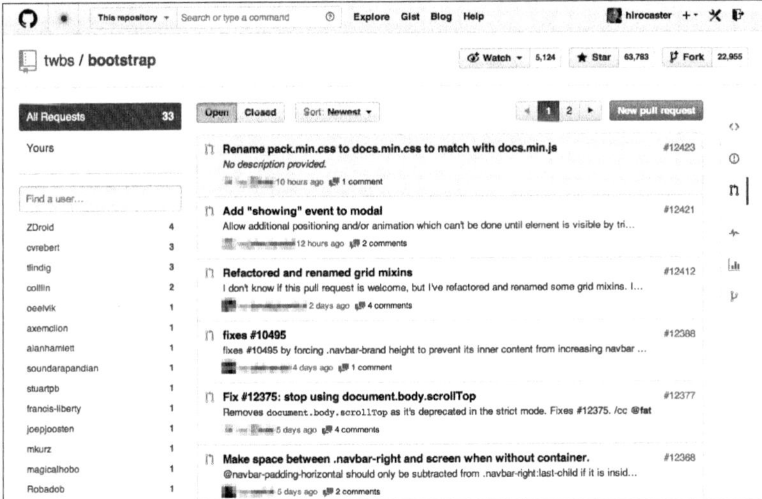

图 5.20 Pull Request 的详细页面

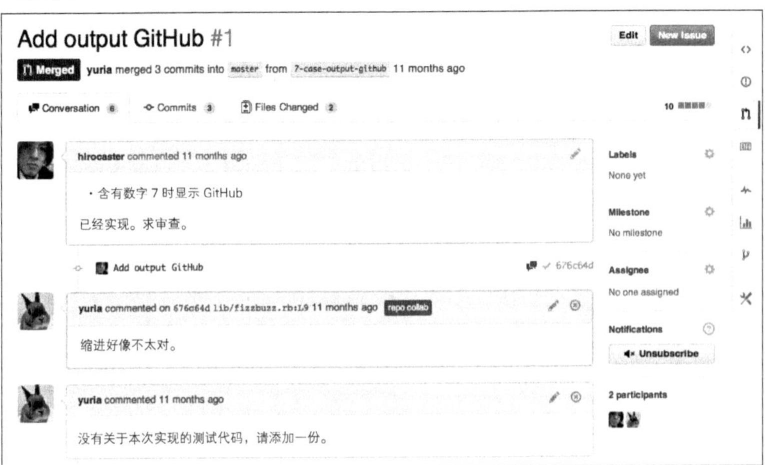

Column

专栏：获取 diff 格式与 patch 格式的文件

对长期投身于软件开发的人来说，有时可能会希望以 diff 格式文件和 patch 格式文件的形式来处理 Pull Request。

举个例子，假设 Pull Request 的 URL 如下所示。

```
https://github.com/用户名/仓库名/pull/28
```

如果想获取 diff 格式的文件，只要像下面这样在 URL 末尾添加 .diff 即可。

```
https://github.com/用户名/仓库名/pull/28.diff
```

同理，想要 patch 格式的文件，只需要在 URL 末尾添加 .patch 即可。

```
https://github.com/用户名/仓库名/pull/28.patch
```

想要 diff 格式与 patch 格式文件的各位请按照上述方法进行操作。

● Conversation

在 Conversation 标签页中，可以查看与当前 Pull Request 相关的所有评论以及提交的历史记录。人们在这里添加评论互相探讨，发送提交落实讨论内容的整个过程会按时间顺序列出，供用户查看。各位在查看过程中如果有自己的想法，不妨积极地添加评论参与探讨。

提交日志的右侧有该提交的哈希值，点击链接即可确认相应提交的详细信息。

Column

专栏：引用评论

在 Conversation 中人们通过添加评论进行对话。这里有一个简单方法可以帮您引用某个人的评论。选中想引用的评论然后按 R 键，被选择的部分就会自动以评论语法写入评论文本框（图 a）。

这样一来就可以轻松便捷地引用评论了。该快捷键在 Issue 中同样有效。

图 a 按 R 键引用选中的部分

● Commits

在 Commits 标签页中，按时间顺序列表显示了与当前 Pull Request 相关的提交（图 5.21）。标签上的数字为提交的次数。每个提交右侧的哈希值可以连接到该提交的代码。

图 5.21 Pull Request 的提交一览

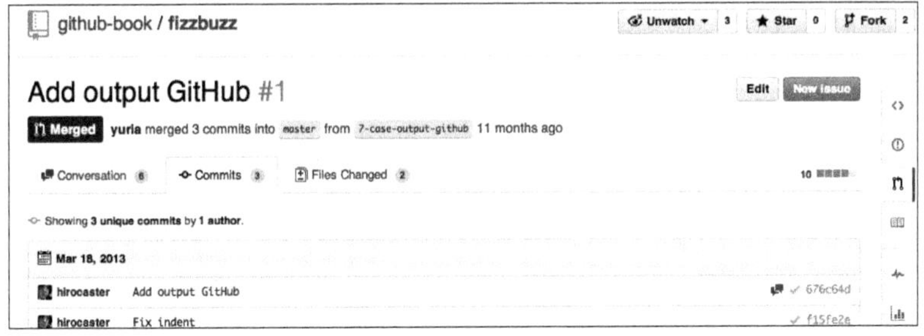

Column

专栏：在评论中应用表情

GitHub 的文化中有使用表情的习惯。表情种类繁多，要一次全记下来十分困难。这时我们可以利用表情的自动补全功能[注a]。

在评论中输入“:”（冒号）便会启动表情自动补全功能。只要输入几个与该表情相关的字母，系统就会为您筛选自动补全的对象（图 a）。选择想要的表情，其相应代码（前后都有冒号的字符串）便会插入到文本框中。

准确表达感情可以让交流变得和谐，各位请记得多加利用。

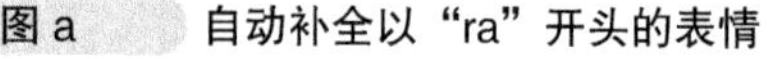

图 a　自动补全以“ra”开头的表情

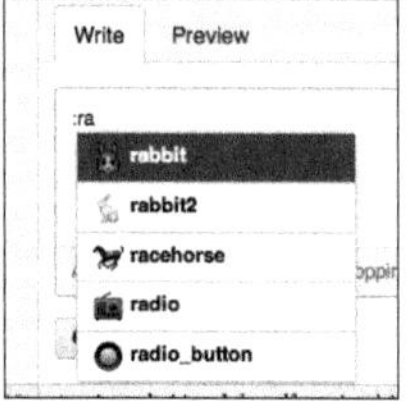

注 a　请登录 http://www.emoji-cheat-sheet.com/ 查找可使用的表情。

● Files Changed

Files Changed 标签页中可以查看当前 Pull Request 更改的文件内容以及前后差别。标签上的数字表示新建及被更改的文件数。

默认情况下系统会将空格的不同也高亮显示，所以在空格有改动的情况下会难以阅读。这时只要在 URL 的末尾添加“?w=1”就可以不显示空格的差别。

将鼠标指针放到被更改行行号的左侧，我们会看到一个加号。点击这个加号可以在代码中插入评论（图 5.22）。这样，评论是针对哪行代码的就一目了然了。

这个插入评论的功能让针对代码的讨论变得十分顺畅。特别是在多人协作的软件开发中，这个功能更加不可或缺。

图 5.22 对所选内容行进行评论

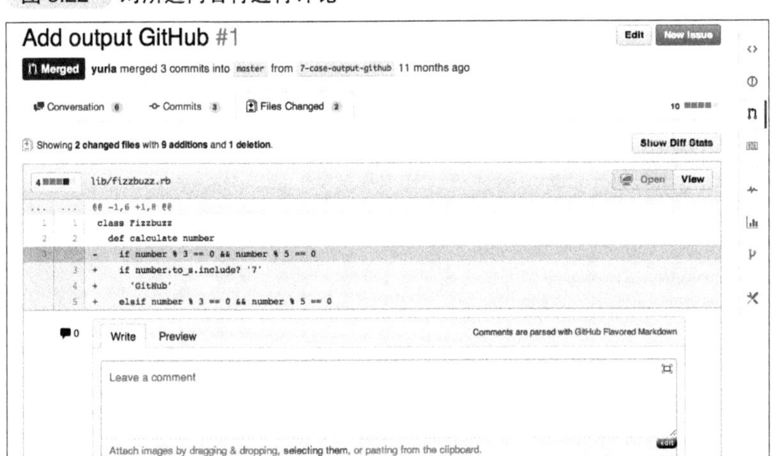

5.8 Wiki

Wiki 是一个使用简单的语法就能编写文档的功能（图 5.23）。所有有权限的人都可以对文章进行修改，所以比较适合多人共同编写文章的情况。创建、编辑文档时不必另外启动软件，用起来十分方便，非常适合用来针对更新频率较高的软件进行文档等信息方面的汇总。

与 Issue 和 Pull Request 相同，Wiki 也支持 GFM 语法，所以可以轻松创建表现力丰富的文档。点击页面右上角的 New Page 按钮便可以创建新的 Wiki 页。

Wiki 功能本身的数据也在 Git 中进行管理。点击 Clone URL 按钮可以将当前 Wiki 的 Git 仓库 URL 复制到剪贴板中。用户能够通过 clone 操作获取 Wiki 仓库，然后在本地创建、编辑页面，进行提交再 push，便可以完成对 Wiki 的创建及编辑工作。

图 5.23 Wiki 的应用实例

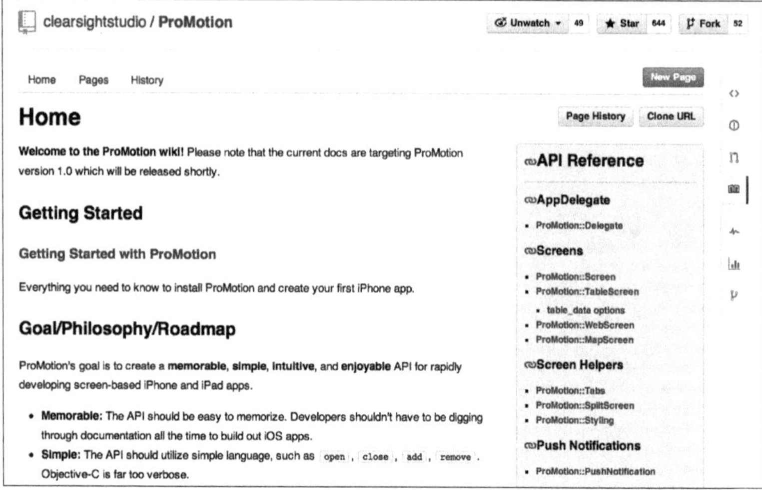

● Pages

在 Pages 标签页中可以列表查看 Wiki 页面（图 5.24）。

图 5.24 Wiki 页面一览

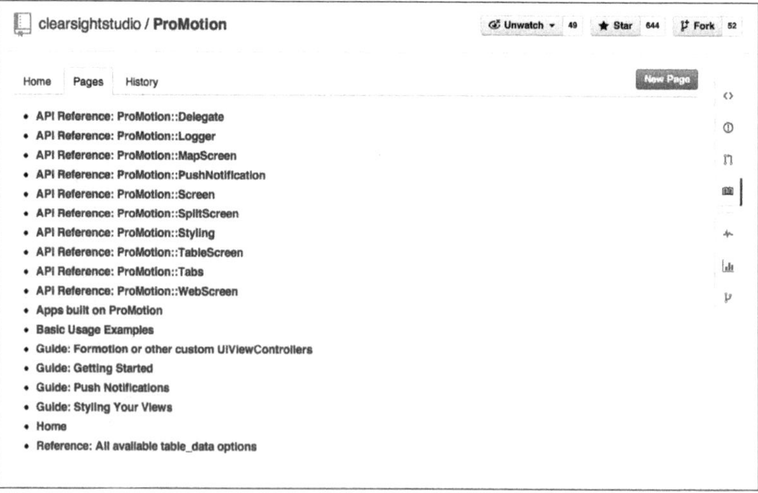

● History

在 History 标签页中可以查看 Wiki 的修改历史记录（图 5.25）。

由于 Wiki 功能也有历史记录可查，所以软件开发者可以放心地投入到工作中去。将 Wiki 仓库 clone 到本地，就可以不借助浏览器，直接用自己熟悉的编辑器进行编辑，十分人性化。

一般情况下，Wiki 中记载着软件相关的 FAQ、文档、代码示例及解说等信息。各位在使用 GitHub 上开发的软件前，建议先查看一遍 Wiki。

图 5.25 Wiki 历史记录一览

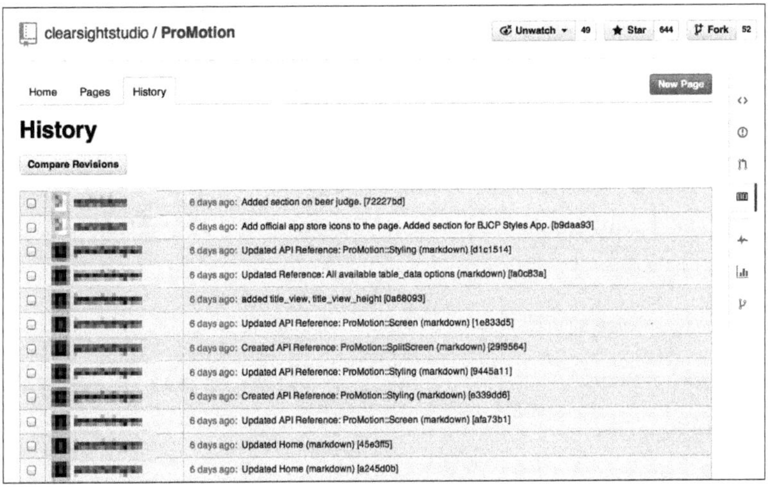

Column

专栏：在 Wiki 中显示侧边栏

所有 Wiki 页面都可以显示侧边栏。做法很简单，只要创建名为“_sidebar”的页面即可。_sidebar 页不会显示在 Pages 的页面一览中。在编辑各页面时页面下部会附加 Sidebar 段（图 a），用户可以在这里编辑侧边栏的内容。

图 a 编辑侧边栏的内容

5.9 Pulse

Pulse 是体现该仓库软件开发活跃度的功能（图 5.26）。近期该仓库创建了多少 Pull Request 或 Issue，有多少人参与了这个仓库的开发等，都可以在这里一目了然。

图 5.26 Pulse 的页面

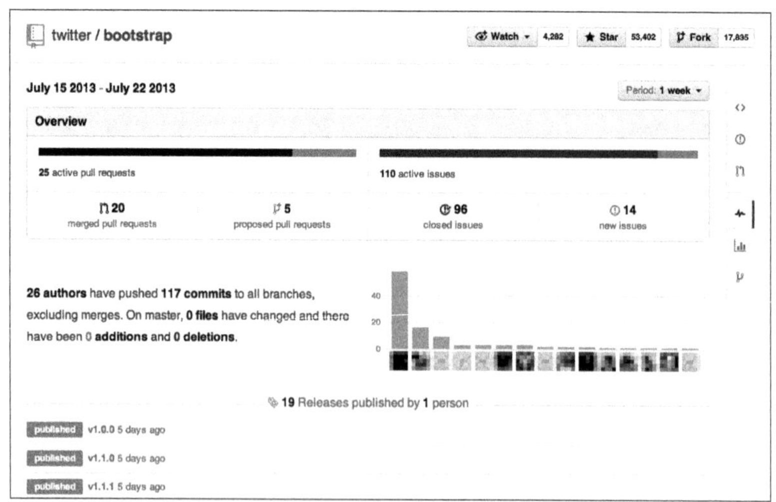

根据这个页面，用户可以判断目前这个软件是否正在被积极开发，或者持有仓库修改权限的人是否在认真地进行 BUG 修正等维护工作。在挑选 GitHub 上开发的软件时，它可以作为一个重要的衡量标准。

下面，我们就来详细讲解一下这个功能。

● active pull requests

页面中 Overview 的左半部分显示了特定期间内活动过的 Pull Request 数。图 5.26 中有 25 个 Pull Request，其中有 20 个被采纳，其余 5 个仍然保持 Open 状态。剩余的这 5 个 Pull Request 将来要么会被采纳，要么会被 Close。

如果想查看清单的详细内容，只要点击对应项即可（图 5.27）。Pull Request 的概要及链接按照合并的先后顺序排列。

图 5.27 已合并的 Pull Request 的概要及链接

20 Pull Requests merged by 17 people

merged #8549 Updated readme.md to reflect the latest changes in directory structure 16 hours ago

merged #8546 Fixed typo a day ago

merged #8545 refactor button-groups.less a day ago

merged #8544 remove useless display:inline-block a day ago

merged #8538 Update Normalize.css URL to new Github.io domain 2 days ago

点击 proposed-pull-request 则可以按创建的先后顺序查看 Pull Request 的概要及链接。

通过这些信息，用户可以了解该软件最近正在开发哪些功能。如果发现对方正在进行功能扩展或者修正，不妨积极试用一下这个功能。这或许会成为您加入开源软件开发的契机。

● active issue

页面中 Overview 的右半部分显示了特定期间内活动过的 Issue 数。图 5.26 中有 110 个 Issue，其中有 96 个被 Close，其余 14 个仍处于 Open 状态。

如果想查看清单的详细内容，只要点击对应项即可。Issue 的概要及链接按照 Close 的先后顺序排列。

点击 new issue 则可以按创建的先后顺序查看 Issue 的概要及链接。

通过观察 Issue 的整体动向，用户能够知道这个软件是否有人在积极地维护与支持。对方仓库越是活跃，用户发送的 BUG 报告和相关探讨越可能收到回应。

● commits

Overview 下方显示的是与提交相关的信息。左侧部分包含了如下几类信息。

- 编写过代码的人数
- 提交的次数
- default branch 中修改过的文件数
- default branch 中添加的行数
- default branch 中删除的行数

通过这些信息，用户可以大致把握该仓库中活跃开发者的人数。

另外，右侧图表显示了这些开发者具体发送的提交数。通过图表我们可以了解到有哪些开发者在格外积极地向该仓库发送提交。

● Releases published

提交相关信息的下方显示了“5 Releases published”之类的字样，这是版本发布的相关信息。已发布的各版本的下载链接按照发布时间的先后顺序一一列出。

通过这里我们可以了解到该软件的版本升级频率。

● Unresolved Conversations

最后我们来讲解显示为“4 Unresolved Conversations”的这个部分。

这里列出的 Issue 和 Pull Request 都创建于 Period 指定的时间之前，

它们都尚未 Close 并且仍有人参与评论。一般情况下，仓库中软件的重大事项讨论都会持续很长时间，所以这些讨论大多放在这里。其中会有不少关于该软件今后发展方向的讨论。如果各位有哪些比较关心的软件，不妨关注一下这部分的讨论内容。

5.10 Graphs

在 Graphs 页中，可以通过 4 种图表查看该仓库的相关统计信息（图 5.28）。利用图表直观地汇总信息，可以让用户把握当前仓库的各种趋势。下面，让我们来了解一下每个图表所包含的信息。

图 5.28 Graphs

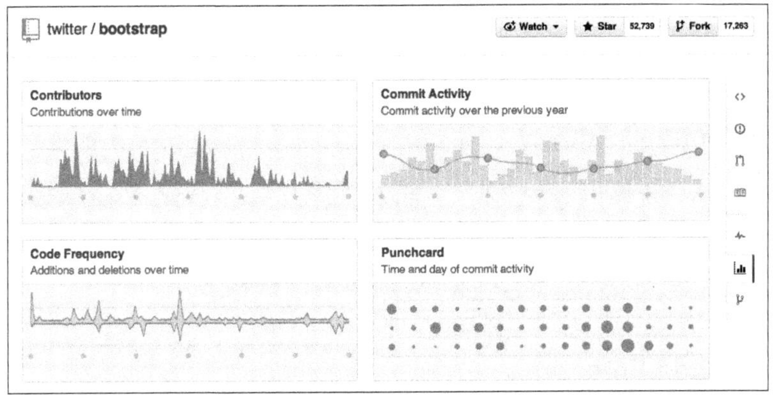

● Contributors

在 Contributors 的图表中，我们可以看到每个用户在相应日期中发送提交、添加代码、删除代码的大致数量（图 5.29）。从这里我们能够了解到该仓库的代码主要由哪些人编写。而且，还可以通过图表分析出该软件大幅修改阶段和稳定维护阶段的相应时期。

图 5.29 Contributors

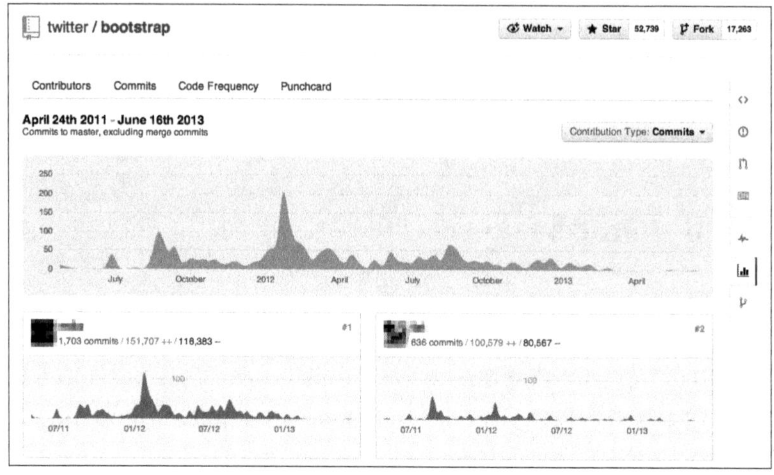

另外，这些图表的统计中还包括发送 Pull Request 被采纳后产生的代码增减。

● Commit Activity

Commit Activity 中显示了一年内（52 周）每周收到的提交的大致数量（图 5.30）。第二张表中还可以查看相应周每天的提交数量。判断某个仓库是否有人在积极更新时，这部分是一个重要的指标。

● Code Frequency

Code Frequency 中显示了该仓库中代码行数的增加量和删除量（图 5.31）。一款优秀的软件并不会一味地增加代码，在经过重构之后，代码量往往会降低。通过这张图，我们可以直观地把握相应信息。

图 5.30 Commit Activity

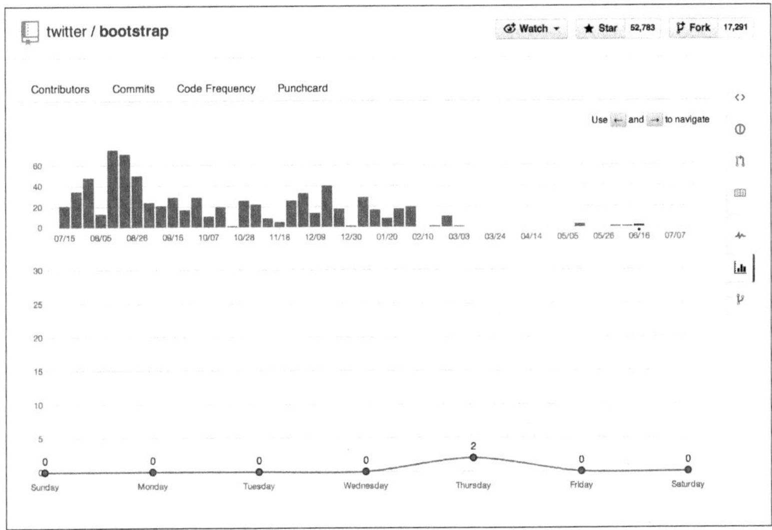

图 5.31 Code Frequency

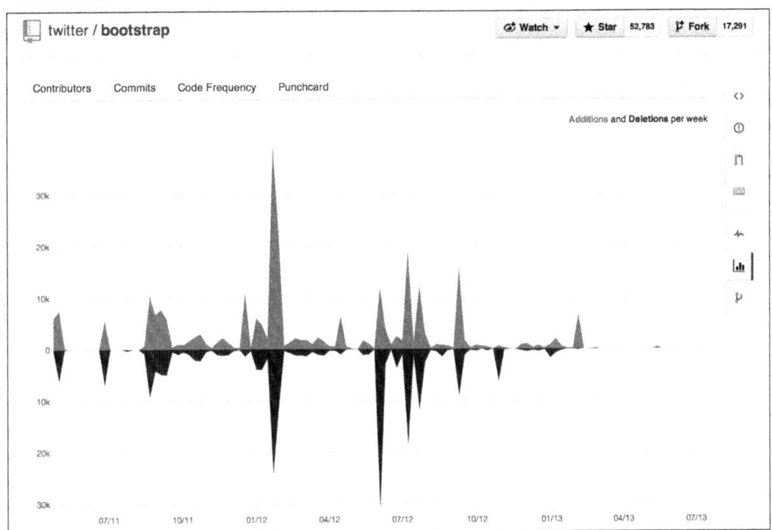

● Punchcard[①]

从 Punchcard 的图中我们可以直观地掌握一周内每天何时收到的提交最多（图 5.32）。黑色圆越大，表示提交越频繁。

图 5.32 Punchcard

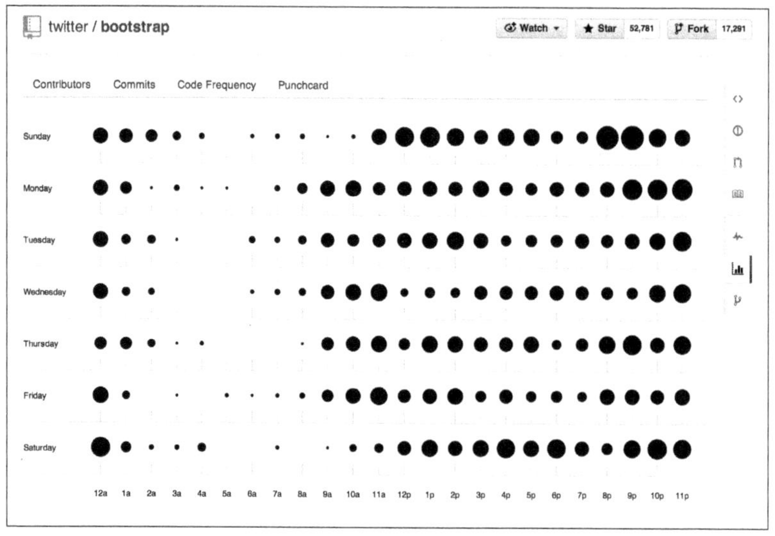

仓库的关键人物往往会出现在提交频率高的时间段，因此用户发送的 Pull Request 最有可能在这段时间内被处理。大致了解时间规律，将有助于各位把握好发送 Pull Request 以及等待回复的时间点。另外，该软件的开发是集中在早上还是晚上，从这张图中也可一目了然。

5.11 Network

以图表形式显示包括克隆仓库在内的所有分支的提交（图 5.33）。从图上可以直观地看出每个人做了多少工作。

将鼠标指针停留在表中提交或合并的点上，可以查看相应的参考内容。

① GitHub 官网已将 Punchcard 改为 Punch card。——编者注

图 5.33 所有分支的图表

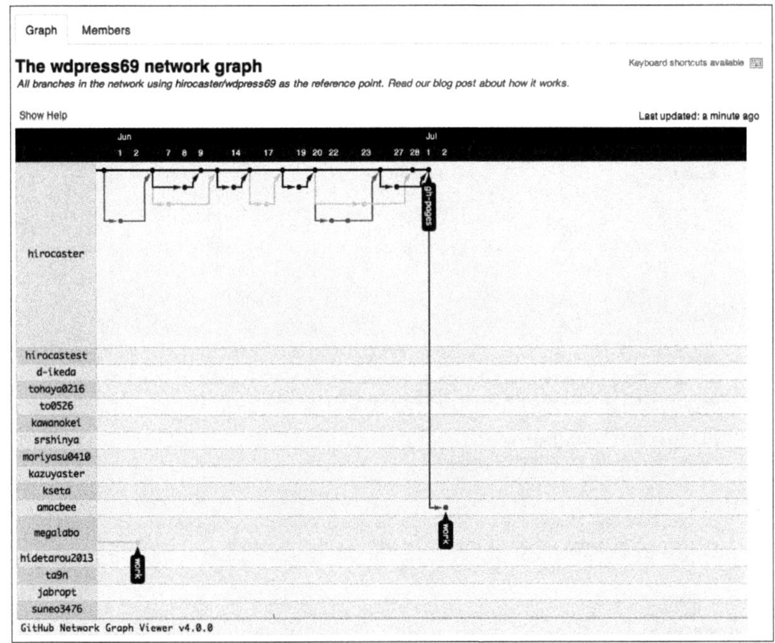

5.12 Settings

在这里可以对仓库进行任何设置。用户必须拥有更改设置的权限，才能看到这个页面。

● Options

在 Options 中可以变更仓库本身的相关设置（图 5.34）。

●········ ❶ Settings

在这里可以修改仓库名称，设置显示仓库 URL 时默认显示的分支。这个默认分支同时也是创建 Pull Request 时的默认值，如果各位的主分支不是 master 分支，建议更改这一设置。

图 5.34　Settings 的 Options 页面

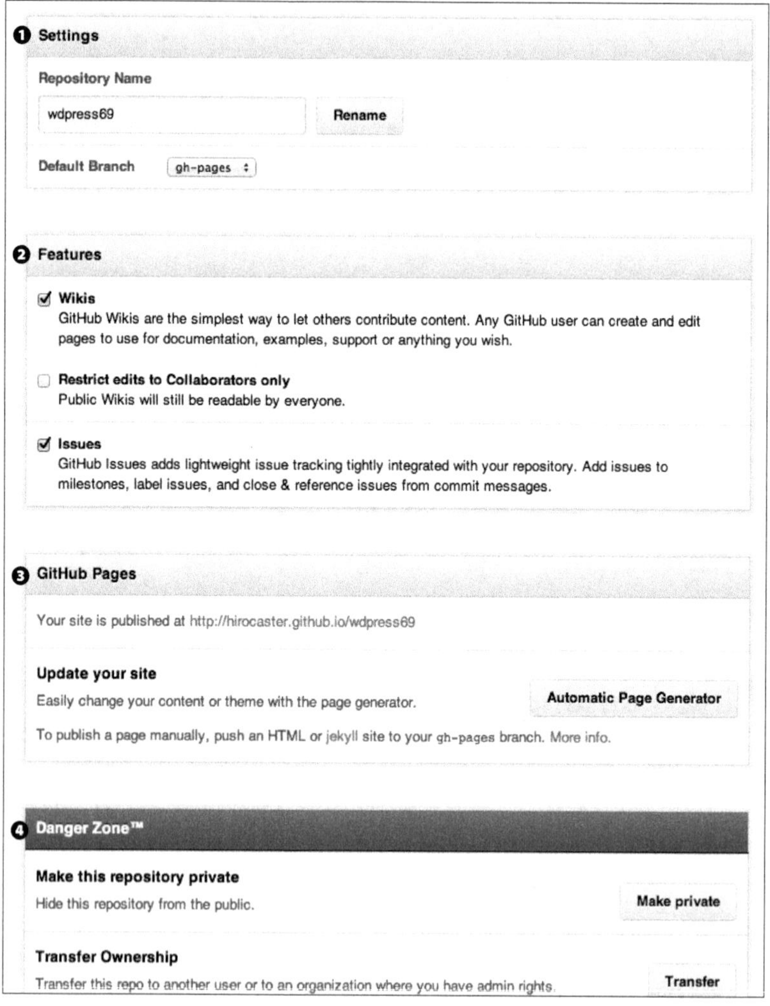

●……… ❷ Features

这里可以更改 Wiki 和 Issue 的相关设置。如果想关闭某些功能，只要取消已勾选的相应复选框，该功能就会从菜单中移除，无法使用。

❸ GitHub Pages

GitHub 有一个名为 GitHub Pages 的仓库，用户可以利用该仓库中的资料创建 Web 页，用来发布仓库中软件的相关信息。如果已经创建过 GitHub Pages，则会显示相应 URL。点击 Automatic Page Generator[①] 即可以自动创建 GitHub Pages。

❹ Danger Zone

这里都是一些需要格外留意的设置。在这里，用户可以将仓库改为私有或是变更仓库所有者，甚至删除仓库本身。这些设置有可能影响到其他人，在变更时一定要谨慎。

Collaborators

用户主要在这里设置仓库的访问权限。如果仓库隶属于个人账户，那么可以像图 5.35 所示那样添加 GitHub 的用户名，赋予该用户直接读写仓库的权限。

图 5.35 个人账户的 Collaborators 页面

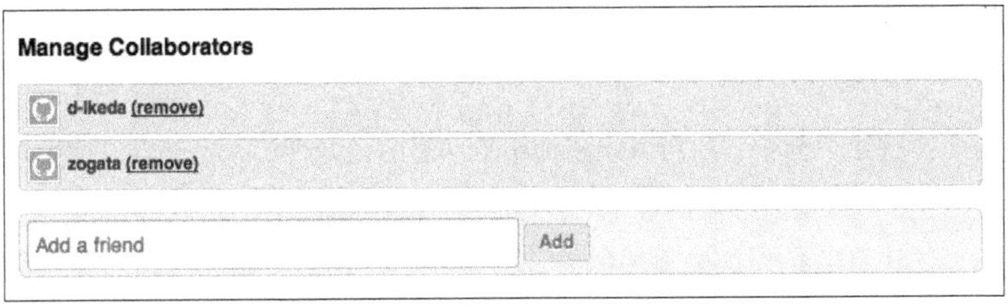

Manage Collaborators

d-ikeda (remove)

zogata (remove)

Add a friend | Add

不过，如果仓库隶属于 Organization 账户，则需要像图 5.36 所示的那样先创建 Team，然后赋予该 Team 读写仓库的权限。

像这样使用 Organization 账户可以高效地设置仓库权限，在公司等多人共同进行开发的组织中，建议使用 Organization 账户。

① GitHub 官网已将 Automatic Page Generator 改为 Automatic Page generator。——编者注

图 5.36 Organization 账户的 Collaborators 页面

Teams

github-book/owners

Choose a team Add

Usage for this repository is billed to github-book

Everyone with access

hirocaster

● Webhooks & Services

在这个页面中，用户可以添加 Hook 让 GitHub 仓库与其他服务集成。通过 Add webhook 可以添加用户自己的 webhook。通过 Configure services 则可以从 GitHub 事先列出的可以集成的服务中进行选择。能与 GitHub 集成的服务非常多，其中还包括邮件及 IRC 等社交服务，建议各位不要错过这个设置。在如此大量的服务当中，相信各位能找到自己正在使用的工具。

● Deploy Keys

在这个页面中，用户可以添加用于部署的公开密钥，允许以只读方式访问仓库。设置公开密钥后，用户可以使用私有密钥通过 ssh 协议 clone 仓库。要注意的是，这里添加的公开密钥・私有密钥对无法再添加到其他仓库。使用 Deploy Keys 功能时，需要给每个仓库赋予不同的密钥对。

5.13 Notifications

页面左上角 LOGO 旁边的蓝色亮点就是 Notifications。点击它，我们可以看到 GitHub 所有活动的通知（图 5.37）。灵活运用这个

Notifications，可以大幅提高合作开发的效率。

图 5.37 Notifications 的页面

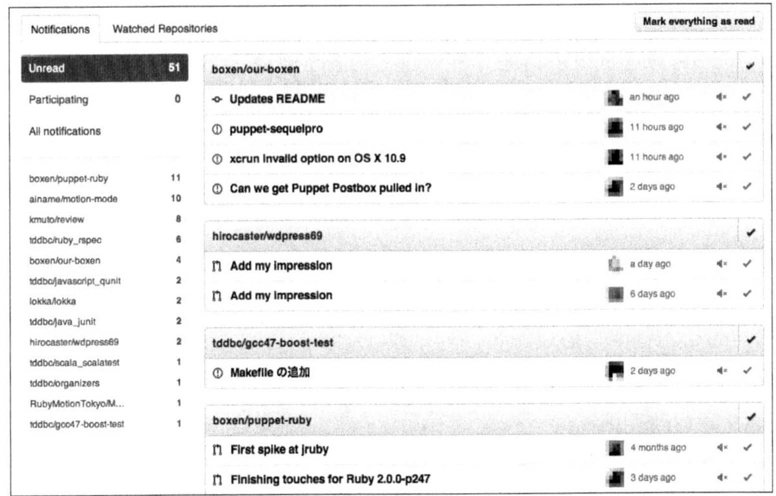

每当创建 Issue、收到评论、创建 Pull Request 等情况发生时，我们就会在 Notifications 中收到通知。

页面左侧是 Notifications 的筛选器，可以分别查看未读的、与自己相关的通知，或者按仓库分类查看通知等。

点击仓库名右侧的对勾，可以将该仓库的所有 Notifications 设置为已读状态。

点击各条通知右侧的扩音器图标，那么即使今后这个通知的相关内容再收到追加评论时，也不会再通知用户。点击通知右侧的对勾，可以将相应的 Notifications 设置为已读状态。当然，点击 Notifications 阅读详细内容后，该通知也会自动转换为已读状态。

如果 LOGO 旁的蓝色亮点是发光状态，则表示有未读的 Notifications，请养成及时查看的习惯。越早处理通知，开发者之间的协同工作就越有效率。

5.14　其他功能

GitHub 还提供了其他许多功能。我们在这里只介绍其中的一部分。

● GitHub Pages

GitHub Pages 主要用于在 GitHub 上托管静态 HTML，以便发布项目的 Web 页[①]。

由于可以绑定独立域名，人们也经常利用结合了这个功能的 Octopress[②] 框架来搭建博客。有兴趣的读者不妨试一试。

● GitHub Jobs

GitHub Jobs 是面向全世界招聘程序员的职位公告板[③]。

450 美元可以发布 30 天招聘公告，希望在世界范围内招聘优秀程序员的公司不妨尝试一下这个功能。

想到海外就职的程序员也可以多看一看这里。

● GitHub Enterprise

GitHub Enterprise 专为那些无法将源代码放到公司之外的企业设计。这项服务可以以虚拟机的形式提供 GitHub。申请后可以先试用 45 天，所以企业内部在探讨是否导入时可以实际使用一下再决定。

导入的最大阻碍其实是成本。这项服务主要面向 20 人以上的组织，如果规模不足，建议还是使用普通的 GitHub。详细内容请参照 GitHub Enterprise 的页面[④]。

考虑到实体机的运行成本及维护成本，除非是规模相当大的企业，

---

① https://pages.github.com/

② http://octopress.org/

③ https://jobs.github.com/

④ https://enterprise.github.com/pricing

否则还是不建议使用 GitHub Enterprise。

● GitHub API

GitHub 面向开发者公开了 API。特别是在开发面向程序员的 Web 服务时，能与 GitHub 集成绝对有利无弊。详细内容请参照官方网站[①]。

5.15 小结

本章中，我们结合 GitHub 的实际操作页面给各位讲解了 GitHub 上提供的各项功能。其中某些功能的细节可能经常使用 GitHub 的人也并不完全清楚。

在 GitHub 上与其他人共同进行软件开发时，如果发现同组搭档对功能不够熟悉，不妨按照本书中的介绍为其讲解一番。

Column

专栏：在 Mac 的通知中心查看 GitHub 的 Notifications

OS X 从 10.8 Mountain Lion 版本开始添加了通知中心的功能，该功能用于简单汇总并显示应用程序的警告。

GitHub 为 Mac 准备了专用的客户端软件[注a]。利用这个软件，用户就可以通过 GUI 完成仓库的简单操作。不仅如此，只要这个软件在运行，GitHub 的 Notifications 收到的内容就会同时显示在通知中心中（图 a）。

GitHub 的客户端部署版本 GitHub Enterprise 也支持这一功能。只要在同一客户端的设置页面（图 b）进行设置，通知中心就能够同时接收 GitHub.com 和 GitHub Enterprise 双方的通知。

日常使用 GitHub 的各位请务必一试。

注 a　https://mac.github.com/

① https://developer.github.com/

图 a　通知中心接收 GitHub 的通知

图 b　GitHub Enterprise 的设置

第6章

尝试Pull Request

按部就班地创建 GitHub 账号并公开自己的源代码并不是什么难事。不过，刚刚接触 GitHub 的人往往不会或不敢使用 Pull Request 功能。

Pull Request 是社会化编程的象征。GitHub 创造的这一功能，可以说给开源开发世界带来了一场革命。不会用这个功能，就等于不会用 GitHub。

不过，掌握 Pull Request 的难度确实较高，刚刚接触 GitHub 的人在发送 Pull Request 时，往往会遇到找不到对方的项目或者不知道该如何发送等问题。

所以，本书将为各位创造一个亲自动手发送 Pull Request 的机会，请各位不要错过。

6.1　Pull Request 的概要

● 什么是 Pull Request

首先我们来理解什么是 Pull Request[①]。Pull Request 是自己修改源代码后，请求对方仓库采纳该修改时采取的一种行为。

● Pull Request 的流程

下面来看看具体的例子。现在假设我们在使用 GitHub 上的一款开源软件。

在使用这款软件的过程中，我们偶然间发现了 BUG。为了继续使用软件，我们手动修复了这个 BUG。如果我们修改的这段代码能被该软件的开发仓库采纳，今后与我们同样使用这款软件的人就不会再遇到这个 BUG。为此，我们要第一时间发送 Pull Request。

在 GitHub 上发送 Pull Request 后，接收方的仓库会创建一个附带源代码的 Issue，我们在这个 Issue 中记录详细内容。这就是 Pull Request。

---

① Pull Request 在网络上也常常被简称为 PR。

发送过去的 Pull Request 是否被采纳，要由接收方仓库的管理者进行判断。一般只要代码没有问题，对方都会采纳。如果有问题，我们会收到评论。

只要 Pull Request 被顺利采纳，我们就会成为这个项目的 Contributor（贡献者），我们编写的这段代码也将被全世界的人使用。这正是社会化编程和开源开发的一大乐趣。

我们为本书专门搭设了一个网站，各位可以对其进行修改，尝试发送 Pull Request。

6.2　发送 Pull Request 前的准备

整体概念如图 6.1 所示。

图 6.1　Pull Request 的概念图

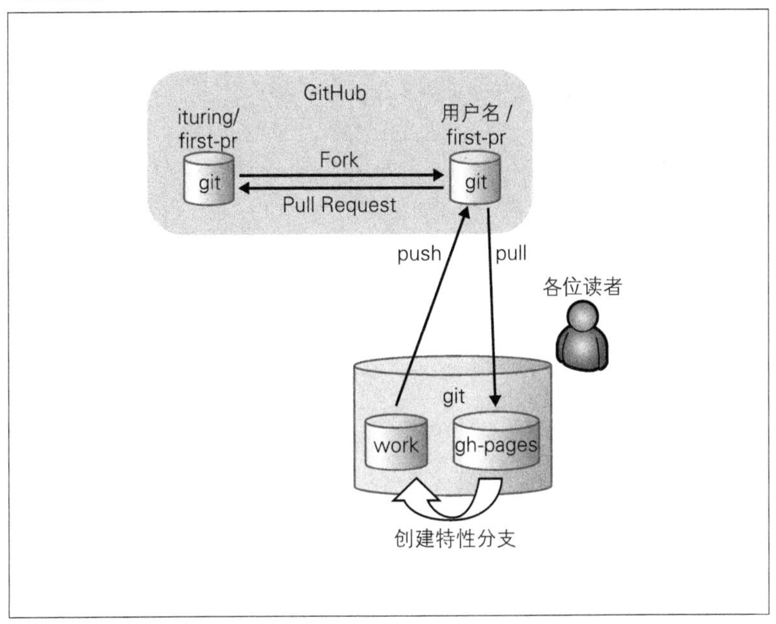

● 查看要修正的源代码

请登录我们为各位准备的网站[1]。该网站的源代码已经在 GitHub 上公开[2]。各位请将自己的感想写入源代码，然后发送 Pull Request。

这个网站通过 GitHub 的 GitHub Pages 功能发布。GitHub Pages 的网站的源代码位于仓库的 gh-pages 分支。访问仓库页面，我们就可以看到源代码。

记述感想时需要修改 index.html 文件。各位不妨先查看它的源代码，对内容有个印象。

● Fork

各位请访问仓库页面，点击 Fork 按钮创建自己的仓库（图 6.2）。

新建的仓库名为“自己的账户名 /first-pr”。在这里我们命名为 hirocastest。

图 6.2　Fork 按钮

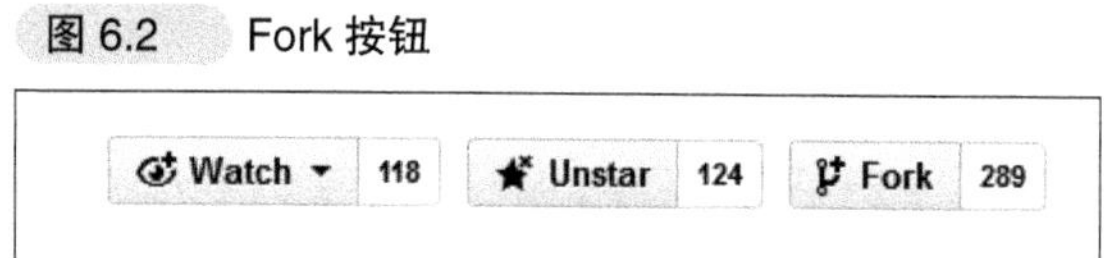

● clone

clone 仓库所需的访问信息显示在右侧的中央部分，让我们将它复制下来，把这个仓库 clone 到当前的开发环境中。

```
$ git clone git@github.com:hirocastest/first-pr.git
Cloning into 'first-pr'...
remote: Counting objects: 14, done.
remote: Compressing objects: 100% (12/12), done.
remote: Total 14 (delta 2), reused 0 (delta 0)
Receiving objects: 100% (14/14), 24.05 KiB, done.
Resolving deltas: 100% (2/2), done.
$ cd first-pr
```

① https://ituring.github.io/first-pr/

② https://github.com/ituring/first-pr

first-pr 目录下会生成 Git 仓库。这个仓库与我们 GitHub 账户下的 first-pr 仓库状态相同。现在只要在这个仓库中修改源代码进行 push，GitHub 账户中的仓库就会被修改。

● branch

●……… 为何要在特性分支中进行作业

当前 Git 的主流开发模式都会使用特性分支。关于特性分支的详细知识，我们已经在第 4 章讲解过了。

各位请养成创建特性分支后再修改代码的好习惯。在 GitHub 上发送 Pull Request 时，一般都是发送特性分支。这样一来，Pull Request 就拥有了更明确的特性（主题）。让对方了解自己修改代码的意图，有助于提高代码审查的效率。

●……… 确认分支

我们来查看一下 clone 出的仓库的分支。

```
$ git branch -a
* gh-pages          ←当前分支
  remotes/origin/HEAD -> origin/gh-pages
  remotes/origin/gh-pages
```

开头加了“remotes/origin/”的是 GitHub 端仓库的分支。我们手头的开发环境中只有 gh-pages 分支。

网站中显示的 HTML 位于 /origin/gh-pages 分支。虽然通常情况下最新版代码都位于 master 分支，但由于本次我们使用了 GitHub Pages，所以最新代码位于 gh-pages 分支。

●……… 创建特性分支

我们创建一个名为 work 的分支，用来发送 Pull Request。这个 work 分支就是这次的特性分支。现在创建 work 分支并自动切换。

```
$ git checkout -b work gh-pages
Switched to a new branch 'work'
```

确认是否切换到了 work 分支下。

```
$ git branch -a
  gh-pages
* work  ←当前分支
  remotes/origin/HEAD -> origin/gh-pages
  remotes/origin/gh-pages
```

查看文件列表，我们可以看到网站中显示的 index.html 文件。

```
$ ls
README.md        index.html       params.json
images           javascripts      stylesheets
```

可以用浏览器打开并确认显示。

● 添加代码

用编辑器打开 index.html 文件，以 HTML 形式添加感想。

```
省略
<p>请写明这是对本书内容的实践或描述对本书的感想并发送Pull Request。</p>
↓追加的行
<p class="impression"> 这本书读着很有趣。（@HIROCASTER）</p>
省略
```

请自由添加感想并用 p 标签（Tag）括起，然后关闭编辑器。

● 提交修改

用 `git diff` 命令查看修改是否已经正确进行。

```
$ git diff
diff --git a/index.html b/index.html
index f2034b3..91b8ecb 100644
--- a/index.html
+++ b/index.html
@@ -39,6 +39,8 @@

 <p>请写明这是对本书内容的实践或描述对本书的感想并发送Pull Request。</p>

 +<p class="impression"> 这本书读着很有趣。（@HIROCASTER）</p>
 +
 省略
```

然后用浏览器打开，查看显示是否正确。然后确认添加的代码，提交至本地仓库。

```
$ git add index.html
$ git commit -m "Add my impression"
[work 243f28d] Add my impression
 1 file changed, 2 insertions(+)
```

● 创建远程分支

要从 GitHub 发送 Pull Request，GitHub 端的仓库中必须有一个包含了修改后代码的分支。我们现在就来创建本地 work 分支的相应远程分支。

```
$ git push origin work
Counting objects: 5, done.
Delta compression using up to 4 threads.
Compressing objects: 100% (3/3), done.
Writing objects: 100% (3/3), 353 bytes, done.
Total 3 (delta 2), reused 0 (delta 0)
To git@github.com:hirocastest/first-pr.git
 * [new branch]      work -> work
```

查看分支，/origin/work 已被创建。

```
$ git branch -a
   master
   * work
   remotes/origin/HEAD -> origin/master
   remotes/origin/gh-pages
   remotes/origin/work  ←已被创建
```

请打开 GitHub 的“用户名 /first-pr”页，确认 work 分支是否被创建，以及是否已包含我们添加的代码。

6.3 发送 Pull Request

参考图 6.3，登录 GitHub 并切换至 work 分支。点击分支名左侧的绿色按钮，会跳转至查看分支间差别的页面（图 6.4）。请在这里通过差别查看刚刚进行的更改是否正确。这里显示的东西就是我们本次 Pull Request 中包含的提交。

图 6.3　切换分支

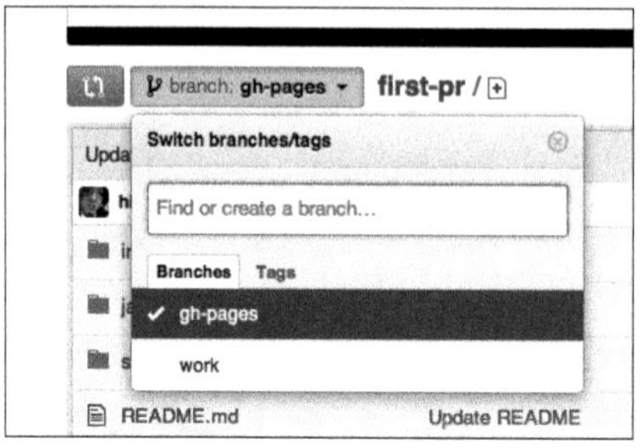

图 6.4　查看分支间差别的页面

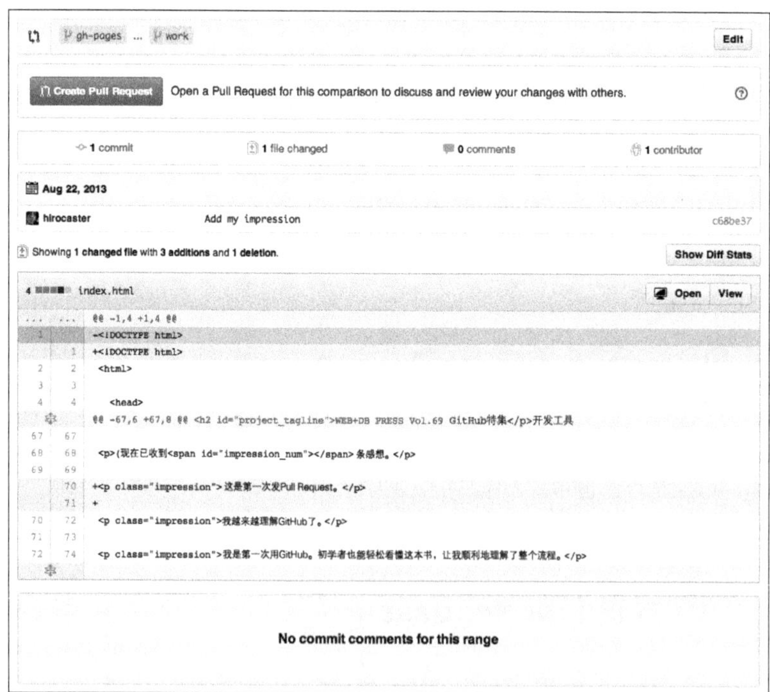

确认想要发送的 Pull Request 的内容差别无误后，请点击 Create Pull Request。随后显示的表单用于填写请求对方采纳的评论（图 6.5）。现在让我们在评论栏中简明扼要地描述本次进行 Pull Request 的理由。

图 6.5 填写请求对方采纳的评论

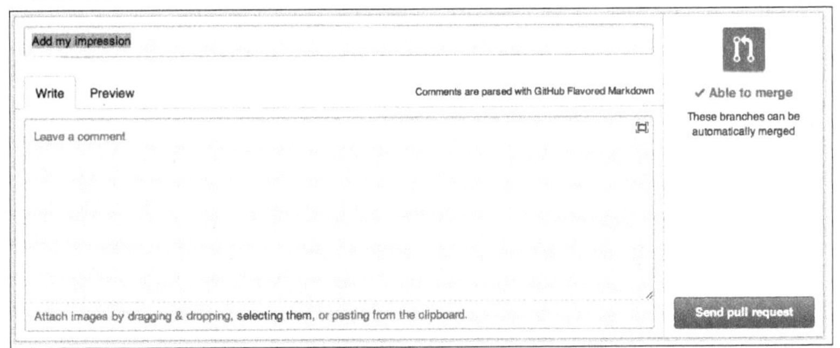

确认没有问题后，点击 Send pull request[①] 按钮。这样一来，Pull Request 的目标仓库中就会新建 Pull Request 和 Issue，同时该仓库的管理者会接到通知。

● ● ● ● ● ● ● ● ●

至此，恭喜各位顺利发送了第一次的 Pull Request。现在我们发送的源代码还没有被采纳，对方仓库不会有任何变化，所以网页也仍然是原样。

如果想查看已发送 Pull Request 的状态，可以登录 GitHub，打开自己的控制面板查看 Pull Request 标签页。点击自己发送的 Pull Request 后会进入如图 6.6 的页面，管理者对 Pull Request 的评论会发到这里。这些在 Conversation 标签页中会按照时间顺序排列显示。只要代码没有问题，我们的 Pull Request 就会被采纳[②]。

---

① GitHub 官网已将 Send pull request 改为 Creat pull request。——编者注

② 本书中出现的示例仓库，现阶段将主要由译者及志愿者（包括尝试 Pull Request 的各位读者）进行维护。但是在本书出版后，随着时间推移，可能会发生反应变慢甚至没有反应的情况。烦请参照第 7 章的内容以及关于示例仓库的讲解，一同努力维护。

图 6.6 Pull Request

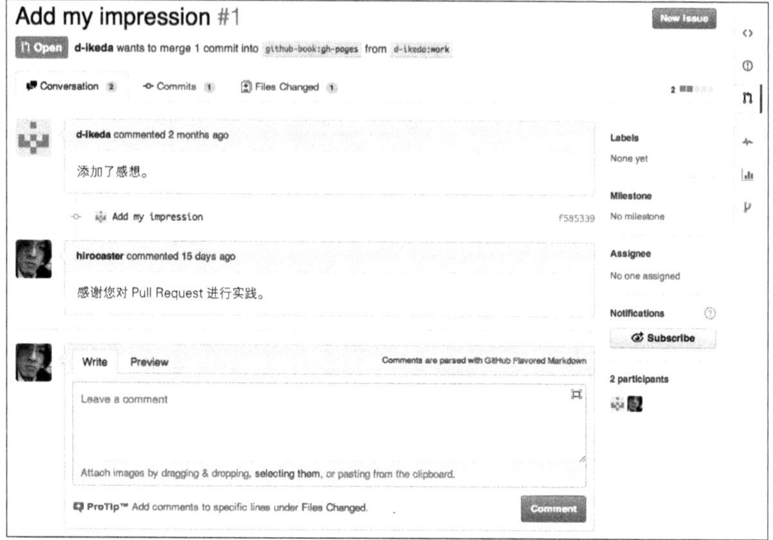

6.4 让 Pull Request 更加有效的方法

下面为各位介绍在开发现场如何更有效地运用 Pull Request。

● 在开发过程中发送 Pull Request 进行讨论

在软件的设计与实现过程中如果想发起讨论，Pull Request 是个非常好的契机。我们虽然可以像本次示例一样等代码完成后再发送 Pull Request，但在实际开发过程中，这样做很可能导致一个功能在完成后才收到设计或实现方面的指正，从而使代码需要大幅更改或重新实现。

在 GitHub 上，我们可以尽早创建 Pull Request，从审查中获得反馈，让大家在设计与实现方面思路一致，借此逐渐提高代码质量。这个方法在团队开发大型项目时尤其有效，已将 GitHub 运用到实际开发中的团队请务必试一试。

这个方法执行起来很简单。只要在想发起讨论时发送 Pull Request 即可，不必等代码最终完成。即便某个功能尚在开发之中，只要在 Pull Request 中附带一段简单代码让大家有个大体印象，就能获取不少反馈。如果在 Pull Request 中再加入直观易懂的 Tasklist（请参照第 5 章的“Tasklist 语法”），就能很清楚反映出哪些功能已经实现，将来要做哪些工作。这不但能加快审查者的工作效率，还能作为自己的备忘录使用。

从反馈中，我们不但能获得对自己所提议的新功能的支持和相关改善意见，有时还会被人指出自己没注意到的失误，或者准备编写的代码与其他成员重复等。这样一来，我们最终所完成的代码的质量一定会比原先高出许多。

向发送过 Pull Request 的分支添加提交时，该提交会自动添加至已发送的 Pull Request 中。

这一方法要求尽早发送 Pull Request，越早效果越明显。另外还有一件事要记住，就是千万不要在 Pull Request 中添加无关的修改。处理与主题无关的作业请另外创建分支，不然会让原本清晰的讨论变得一团糟。

● 明确标出“正在开发过程中”

为防止开发到一半的 Pull Request 被误合并，一般都会像图 6.7 中所示的那样在标题前加上“[WIP]”字样。WIP 是 Work In Progress 的简写，表示仍在开发过程中。等所有功能都实现之后，再消去这个前缀。

图 6.7 标明仍在开发中的 Pull Request

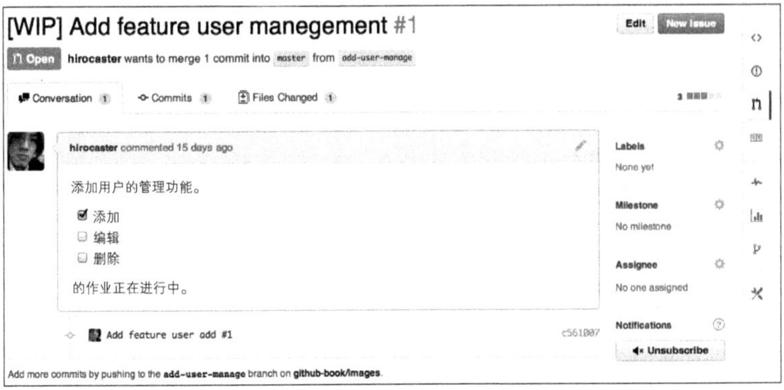

这种在代码库中边讨论边开发的开发流程，要比以往在完成之后审查再反馈的流程高效得多。这个方法已经被应用到众多的软件开发现场。通过这一方法，开发者可以体验 GitHub 上独有的速度感。各位请务必加以实践。

● 不进行 Fork 直接从分支发送 Pull Request

这个方法也值得在 GitHub 上进行开发的团队借鉴。

一般说来，在 GitHub 上修改对方的代码时，需要先将仓库 Fork 到本地，然后再修改代码，发送 Pull Request。但是，如果用户对该仓库有编辑权限，则可以直接创建分支，从分支发送 Pull Request。利用这一设计，团队开发时不妨为每一名成员赋予编辑权限，免去 Fork 仓库的麻烦。这样，成员在有需要时就可以创建自己的分支，然后直接向 master 分支等发送 Pull Request。

其实，这一方法已经被 GitHub 实际运用到开发之中[①]。关于这一开发流程的具体内容将在第 9 章详细说明。

6.5 仓库的维护

Fork 或 clone 来的仓库，一旦放置不管就会离最新的源代码越来越远。如果不以最新的源代码为基础进行开发，劳神费力地编写代码也很可能是白费力气。下面就让我们学习如何让仓库保持最新状态。

通常来说 clone 来的仓库实际上与原仓库并没有任何关系。所以我们需要将原仓库设置为远程仓库，从该仓库获取（fetch）数据与本地仓库进行合并（merge），让本地仓库的源代码保持最新状态（图 6.8）。

① https://github.com/blog/1124-how-we-ues-pull-requests-to-build-github

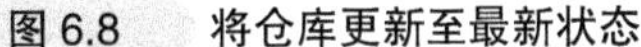
图 6.8 将仓库更新至最新状态

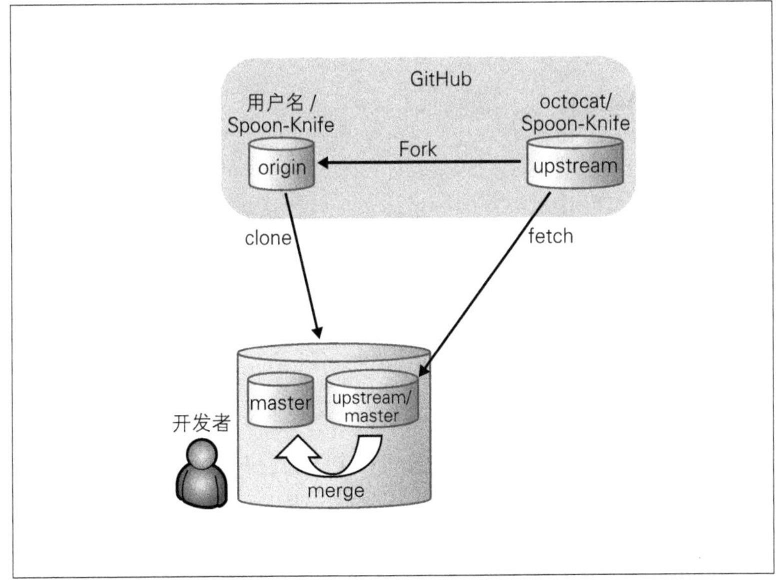

● 仓库的 Fork 与 clone

将 octocat/Spoon-Knife 作为原仓库，在 GitHub 上进行 Fork，然后 clone。

```
$ git clone git@github.com:hirocastest/Spoon-Knife.git
Cloning into 'Spoon-Knife'...
remote: Counting objects: 24, done.
remote: Compressing objects: 100% (21/21), done.
remote: Total 24 (delta 7), reused 17 (delta 1)
Receiving objects: 100% (24/24), 74.36 KiB | 68 KiB/s, done.
Resolving deltas: 100% (7/7), done.
$ cd Spoon-Knife
```

● 给原仓库设置名称

我们给原仓库设置 upstream 的名称，将其作为远程仓库。

```
$ git remote add upstream git://github.com/octocat/Spoon-Knife.git
```

今后，我们的这个仓库将以 upstream 作为原仓库的标识符。这个环境下只需要设定一次。

● 获取最新数据

下面我们从远程仓库实际获取（fetch）最新源代码，与自己仓库的分支进行合并。要让仓库维持最新状态，只需要重复这一工作即可。

```
$ git fetch upstream
From git://github.com/octocat/Spoon-Knife
 * [new branch]      master     -> upstream/master
$ git merge upstream/master
Already up-to-date.
```

我们通过 `git fetch` 命令获取最新的数据，将 upstream/master 分支与当前分支（master）合并。虽然本次示例没有可以合并的内容，但这一操作确实可以将最新的源代码合并至当前分支。

这样一来，当前分支（master）就获得了最新的源代码。各位在创建特性分支，编辑源代码之前，建议先将仓库更新到这一状态。一般情况下 master 分支都会获取最新代码，很少需要 Fork 的开发者亲自进行修正。

6.6 小结

本章中我们简单学习了 Pull Request 的发送方法。想必各位已经发现，发送 Pull Request 时不单要敲一敲代码，还需要进行很多其他工作。

在实际开发现场，Pull Request 多少都会与传统的习惯或规范有些冲突。但是，诸多团队的实践表明 Pull Request 确实有其显著的效果。作为一名投身于开源开发的程序员，应当尽早适应这一设计。

笔者认为，对这种标准的设计或规范采取“总之先试试看”的态度，往往可以给现场带来活力，促进成员成长，给开发带来速度感。建议各位积极地去尝试。

第7章

接收Pull Request

发送过 Pull Request 的人不多，接收过 Pull Request 的人就更少了。下面让我们来学习接收 Pull Request 时的相关知识，以备不时之需。

7.1　采纳 Pull Request 的方法

接收到 Pull Request 后，会如图 7.1 中所示，在仓库的 Pull Request 标签页中显示别人发送过来的 Pull Request 的一览表。现在让我们点击 Pull Request 查看详细内容。

图 7.1　接收到的 Pull Request

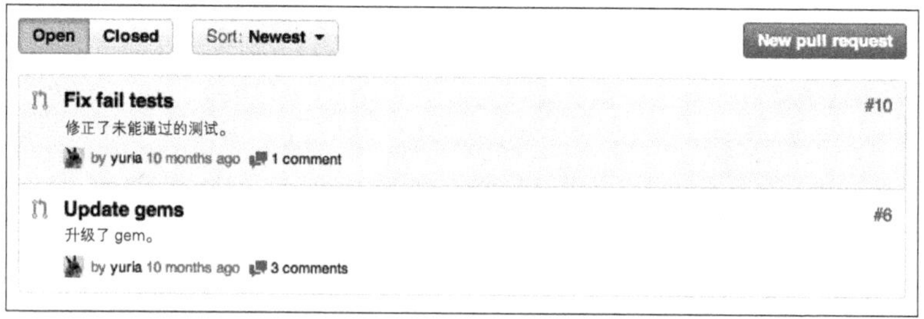

详细页面与我们发送 Pull Request 时的页面大致相同。点击 Merge pull request 按钮（图 7.2），Pull Request 的内容便会自动合并至仓库。在采纳之前，请尽量将接收到的 Pull Request 拿到本地开发环境中进行检查，确认是否能够正常运行以及代码是否安全。或者用将要在第 8 章中介绍的 Jenkins 等持续集成工具进行自动测试，保证新代码不破坏原有功能之后，再合并进仓库。

图 7.2　Merge pull request 按钮

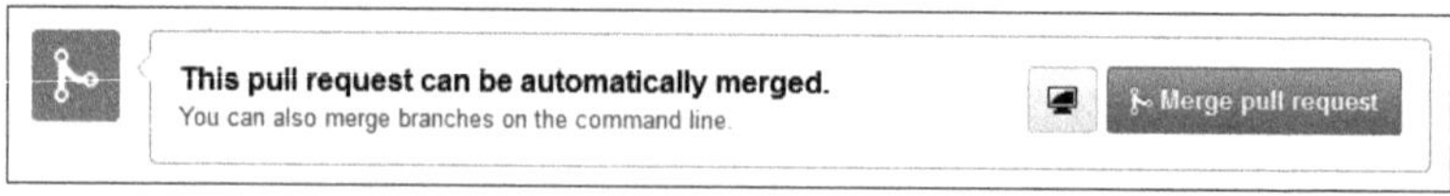

这里我们为各位讲解在本地开发环境中检查接收到的 Pull Request 的流程。

7.2 采纳 Pull Request 前的准备

除确认 Pull Request 送来的代码是否运行正常外，各位还请在代码审查上也多花些心思。GitHub 上可以快速高效地审查代码。下面我们就来介绍这些功能。

学会使用各种各样的功能进行代码审查，要比以往使用工具的审查轻松很多。如果团队中所有人都养成时常审查自己代码的习惯，其叠加效果将不可估量。

● 代码审查

如图 7.3 所示，在 GitHub 上可以对 Pull Request 的具体的某行代码进行评论。这让代码审查变得十分高效。

图 7.3　对代码进行评论

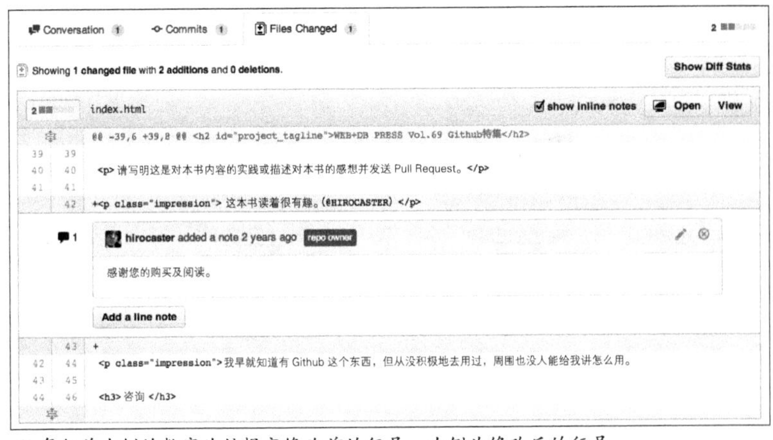

※ 每行前左侧的数字为该提交修改前的行号，右侧为修改后的行号。

发出评论之后相关人员会立刻接到 Notifications，无论是 Pull Request 的发送方还是接收方，都能迅速反馈。由于 GitHub 的便捷性和审查的简易性，让很多人离开 GitHub 之后在工作中倍感压力。

混迹于开源世界的程序员大多习惯使用 GitHub，所以如果能将

GitHub 应用到工作中，就可以免去适应公司独有开发环境带来的压力。这也是公司导入 GitHub 的优势所在。

● 查看图片的差别

在 GitHub 上不但可以查看代码的差别，还有多种方法供用户查看图片的差别。这些内容在官方博客[①]中有详细讲解，我们只在此挑出一些介绍给各位。

官方博客已经介绍了用于演示的仓库[②]，所以各位实际操作一下该仓库，就会发现这个功能有多么强大[③]。各位可以通过提交日志的 Image View Mode Demo 来体验操作。

●……… 2-up

2-up 可以同时显示一张旧图片和一张新图片，从而完成对比（图 7.4）。

图 7.4 2-up

① https://github.com/blog/817-behold-image-view-modes

② https://github.com/cameronmcefee/Image-Diff-View-Modes

③ 本章的图片就是通过演示仓库制作的。

●……… Swipe

Swipe 可以在分界线左右两侧分别显示旧图片和新图片（图 7.5）。鼠标可以拖动分界线左右移动，帮助用户对比细节差异和细微的颜色差异。

图 7.5 Swipe

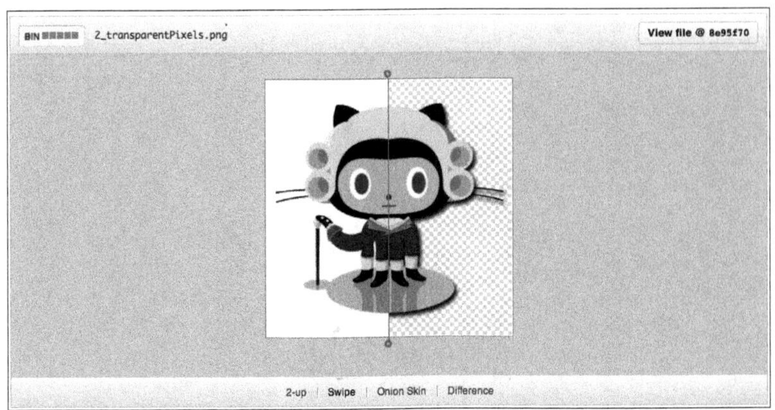

●……… Onion Skin

Onion Skin 能够将新旧两张图片重叠放置，分阶段从旧图片慢慢过渡至新图片，用户可以自由调节过渡比例（图 7.6）。通过这一功能，用户能够一步步确认新图片相对于旧图片的变化。

图 7.6 Onion Skin

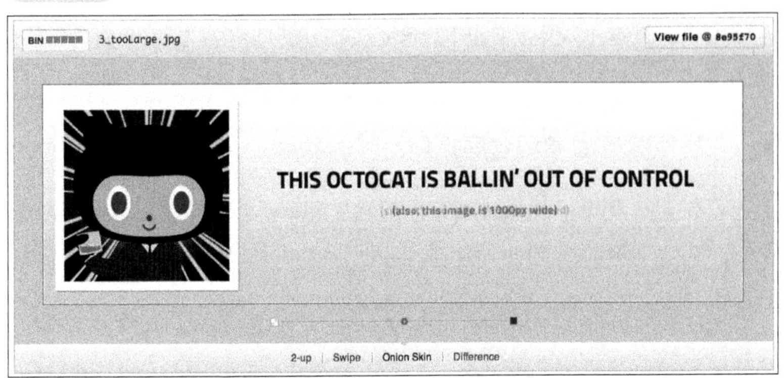

Difference[1]

Difference 功能让笔者都感到吃惊，它能够直接抽出两张图片不一样的部分进行比较。如图 7.7 所示，Difference 抽出了单片眼镜这一差别之处。要是拿这个功能去玩“大家来找茬”，一定是所向披靡。

图 7.7 Difference

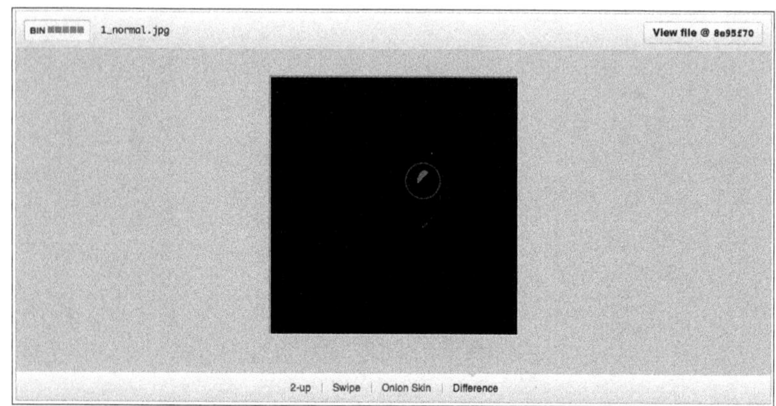

像这样，使用 GitHub 不但可以比较代码，还能够高效地对比图片。各位不妨让负责美工的同事也来试试。

在本地开发环境中反映 Pull Request 的内容

下面我们来讲解收到 Pull Request 后在本地开发环境中进行实际检查的流程。在本示例中，Pull Request 接收方的用户名为 ituring，发送方的用户名为“PR 发送者”。

将接收方的本地仓库更新至最新状态

首先，将 Pull Request 接收方的仓库 clone 到本地开发环境中（图 7.8 左侧）。如果已经 clone 过，那么请进行 pull 等操作更新至最新状态。

① 现在只有前面三种差分模式，此种方式已经没有了。——译者注

图 7.8　clone 及 fetch

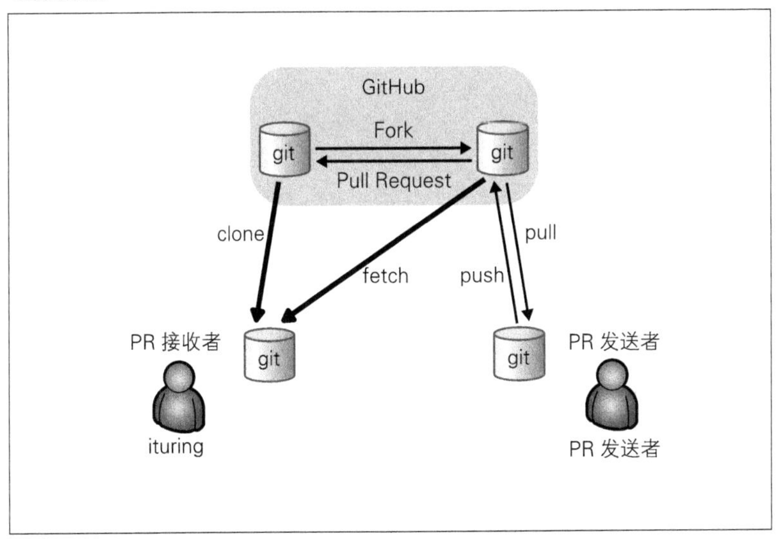


```
$ git clone git@github.com:ituring/first-pr.git
Cloning into 'first-pr'...
remote: Counting objects: 34, done.
remote: Compressing objects: 100% (26/26), done.
remote: Total 34 (delta 10), reused 15 (delta 4)
Receiving objects: 100% (34/34), 89.48 KiB | 112 KiB/s, done.
Resolving deltas: 100% (10/10), done.
$ cd first-pr
```

●……… 获取发送方的远程仓库

将 Pull Request 发送方的仓库设置为本地仓库的远程仓库，获取发送方仓库的数据。在本示例中，我们将图 7.8 右上的仓库设置为远程仓库，进行 fetch。

```
$ git remote add PR发送者  git@github.com:PR发送者/first-pr.git
$ git fetch PR发送者
省略
From github.com:PR发送者/first-pr
 * [new branch]      gh-pages    -> PR发送者/gh-pages
 * [new branch]      master      -> PR发送者/master
 * [new branch]      work        -> PR发送者/work
```

现在我们获取了 Pull Request 发送方仓库以及分支的数据（PR 发送者 /work）。

●……… 创建用于检查的分支

前面我们只获取了远程仓库的数据，这些数据尚未反映在任何一个分支中。因此我们需要创建一个分支，用来模拟采纳 Pull Request 后的状态。由于这是我们第一个 Pull Request，分支名就叫 pr1。这一步相当于图 7.9 左侧箭头（checkout）代表的操作。现在 gh-pages 与 pr1 分支的内容完全相同。

图 7.9 checkout

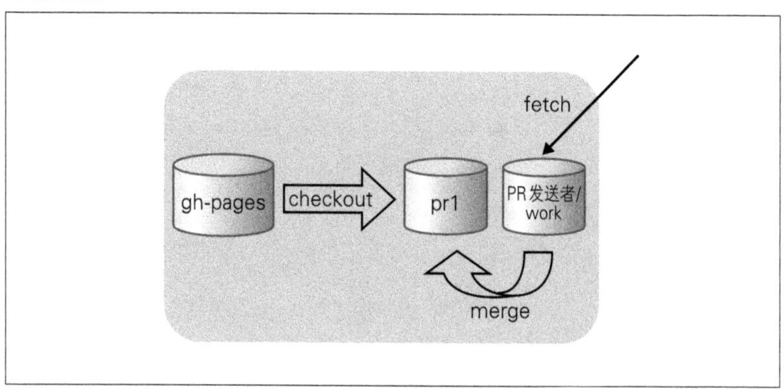


```
$ git checkout -b pr1
Switched to a new branch 'pr1'
```

●……… 合并

下面要将已经 fetch 完毕的“PR 发送者 /work”的修改内容与 pr1 分支进行合并。也就是图 7.9 下侧箭头（merge）代表的操作。

```
$ git merge PR发送者/work
Updating cc62779..243f28d
Fast-forward
 index.html |    2 ++
 1 file changed, 2 insertions(+)
```

这样一来，pr1 分支中就加入了“PR 发送者 /work”分支的修改内容。本示例中我们只修改了 index.html 文件，所以检查一下 index.html 有没有显示错误即可。在实际开发中，各位需要通过自动测试等手段检查软件是否能正常运行。

●……… 删除分支

检查结束后 pr1 分支就没用了，可以直接删除。我们切换至 pr1 之外的分支，运行下面的代码。

```
$ git branch -D pr1
Deleted branch pr1 (was 243f28d).
```

> Column
>
> **专栏：如何提升代码管理技术**
>
> 如果能灵活运用分支的创建及合并，便可以在确保安全性的前提下并行开发多个功能。这一技术在软件开发现场非常有用，而且团队规模越大效果越好。
>
> 笔者认为掌握这一技术的最佳方法就是积累经验。在 GitHub 上，可以通过自己给自己的不同分支发送 Pull Request 进行练习。
>
> 想学会安全又专业的源代码管理，不妨先多多尝试 Git 与 GitHub。

7.3 采纳 Pull Request

完成上述内容后，如果 Pull Request 的内容没有问题，大可打开浏览器找出相应的 Pull Request 页面，点击 Merge pull request 按钮，随后 Pull Request 的内容会自动合并至仓库（图 7.10）。

不过，由于我们已经在本地构筑了相同的环境，只要通过 CLI 进行合并操作再 push 至 GitHub，Pull Request 中就会反映出 Pull Request 被采纳后的状态（图 7.11）。这个状态对应到本示例中就是“PR 发送者 / work”分支合并到 gh-pages 分支。

图 7.10　自动合并的概念图

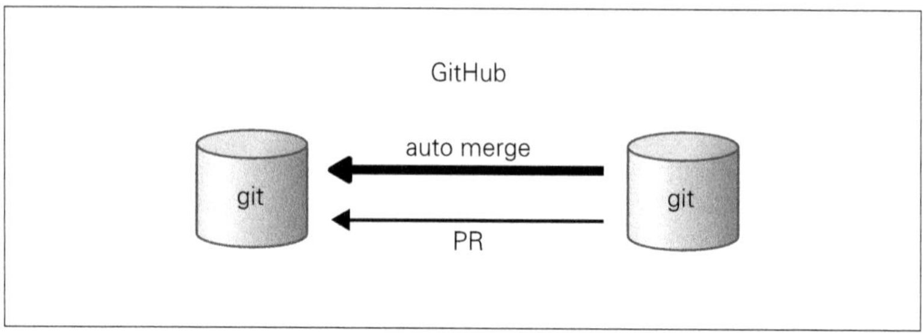

图 7.11　手动合并的概念图

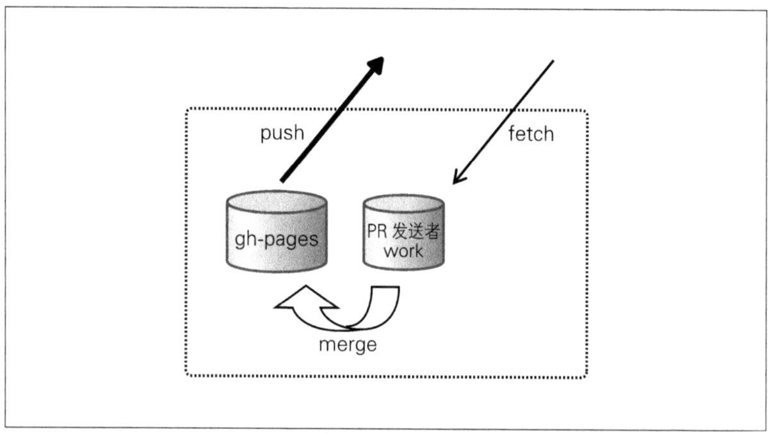

● 合并到主分支

首先，我们切换至 gh-pages 分支。

```
$ git checkout gh-pages
Switched to branch 'gh-pages'
```

然后合并“PR 发送者 /work”分支的内容。

```
$ git merge PR送信者/work
Updating cc62779..243f28d
Fast-forward
 index.html |    2 ++
 1 file changed, 2 insertions(+)
```

这样一来“PR 发送者 /work”分支就合并到了 gh-pages 分支中。

● push 修改内容

现在只剩下 push 一步了，不过为保险起见，我们先查看本地与 GitHub 端仓库内代码的差别。

```
$ git diff origin/gh-pages
diff --git a/index.html b/index.html
index f2034b3..91b8ecb 100644
--- a/index.html
+++ b/index.html
@@ -39,6 +39,8 @@

<p>请写明这是对本书的实践或描述对本书的感想并发送Pull Request。</p>

+<p class="impression">这本书读着很有趣。（@HIROCASTER）</p>
+
省略
```

确认没有目的之外的差别后，进行 push。

```
$ git push
省略
Total 0 (delta 0), reused 0 (delta 0)
To git@github.com:ituring/first-pr.git
   cc62779..243f28d  local_gh-pages -> gh-pages
```

用这种方法处理后，仓库的 Pull Request 会自动从 Open 状态变为 Close 状态（图 7.12）。现在我们可以去查看网页，已采纳的源代码应该已经反映出来了。

图 7.12 Pull Request 自动转为 Close 状态

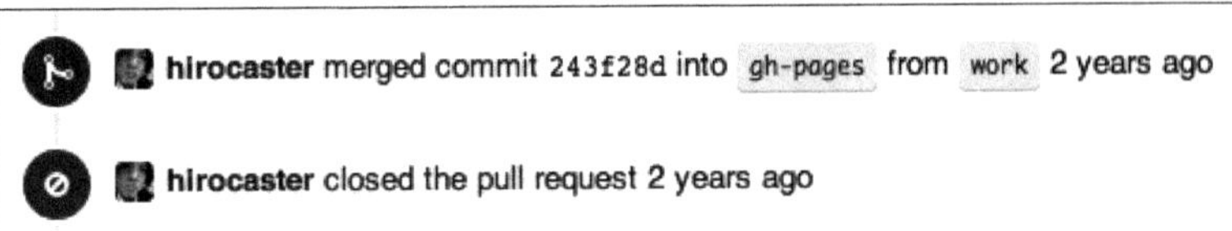

以上便是安全接收 Pull Request 的流程。Git 这种分散型版本管理软件乍看上去非常复杂，但熟悉每一个操作后，运用起来还是很简单的。

7.4　小结

本章中我们讲解了如何安全地接收 Pull Request。

像本次示例中这种只有几行代码的 Pull Request，大可直接打开 GitHub 网页点击合并，但在实际的开发现场中，接收到的 Pull Request 往往会更加复杂，有时甚至与多个文件挂钩。所以各位要清楚本次示例只是为练习而准备，是 Pull Request 最简单的情况。

作为仓库的维护者要时刻记得，无法运行的代码绝不可以合入仓库，否则会失去团队对你的信任。

另外还要注意，不要发布那些无法运行的、没有通过测试的、有语法错误的源代码。

Column

专栏：请协助我们共同创建互相学习的社区

关于本章和第 6 章提到的那个仓库，只要您在第 6 章中发送过 Pull Request，就会得到该仓库的管理权限，以便您对该仓库进行维护。各位可以参考本章内容，试着以仓库维护者的身份处理新送来的 Pull Request。这样一来，各位读者就可以通过一个仓库，互相学习 Pull Request 收发双方的相关知识。

各位读者的协助不但能帮助新的读者进行学习，还可以积累作为维护方的经验。请各位务必与我们一同维护这个互相学习的社区。

第8章

与GitHub相互协作的工具及服务

GitHub 的诞生并不单单影响到了软件开发的相关人员。现在的 GitHub 已经真正成为了一个 Hub，与其相互协作的工具和服务层出不穷。下面让我们为各位介绍几个比较常用的服务。

8.1 hub 命令

在使用 GitHub 的过程中，会不可避免地频繁接触到 git 命令。而我们在这里介绍的 hub 命令[①]则是一个封装了 git 命令的命令行工具，能够辅助用户使用 GitHub。这是个很方便的工具，经常使用 GitHub 的读者请务必一试。

● 概要

hub 命令是由 Chris Wanstrath[②]带头开发的软件。

在 hub 命令仓库的 README.md 文件中，我们可以看到“git + hub = github”这样一句话[③]。正如这句话所说，hub 命令将通常的 git 命令进行封装并增加几项功能，就可以调用 GitHub 的 API 发送命令。由于其封装了 git 命令，所以能够执行所有 git 命令的操作。另外通过 hub 命令功能还得到了扩展，比如指定 GitHub 端仓库时可以用简略路径替代完整路径等。

具体的命令我们将在后面详细讲解。

● 安装

下面介绍 hub 命令的安装方法。hub 命令需要以下版本的软件[④]。

---

① https://hub.github.com/

② https://github.com/defunkt

③ https://github.com/github/hub

④ 对应 hub 1.10.6 版本。

- Git 1.7.3 以上
- Ruby 1.8.6 以上

安装 Git 的方法请参照第 2 章。

●……… 安装

如果是 OS X 系统，可以从版本管理系统的 Homebrew 或 MacPorts 轻松安装。

如果用 Homebrew，则执行下面的命令。

```
$ brew install hub
```

如果用 MacPorts，则执行下面的命令。

```
$ sudo port install hub
```

只此一步就能完成安装。

使用其他环境的读者请按照下面的流程安装。

```
$ curl https://hub.github.com/standalone -sLo ~/bin/hub
$ chmod +x ~/bin/hub
```

通过上述命令下载 hub 命令之后，像下面这样在 shell 的环境路径后面添加 ~/bin。

```
$ echo 'export PATH="~/bin:$PATH"' >> ~/.bash_profile
```

重新启动 shell 后，就可以使用 hub 命令了。

●……… 确认运行情况

通过下面的命令确认运行情况。

```
$ hub --version
git version 1.8.5.2
hub version 1.10.6
```

结果中显示了 git 命令与 hub 命令的版本号。

●……… 设置别名

使用 hub 命令的最佳实践就是将相应 git 设置成 hub 的别名。hub 命令可以完成 git 命令的所有操作，所以不会影响 git 命令原本的功能。

具体设置方法其实很简单，只需在 shell 的配置文件（.bash_profile 等）中添加下面一句即可。

```
eval "$(hub alias -s)"
```

●……… 实现 shell 上的功能补全

为了让 hub 命令的功能更加完善，Github 上还发布了面向 bash[①] 和 zsh[②] 的脚本。将正在使用的 shell 与相应脚本组合，就可以让 hub 命令变得更加易用。在某些安装方法中它们会被自动安装。

●……… ~/.config/hub

hub 命令在初次访问 GitHub 的 API 时会询问用户名和密码，输入完之后会进行 OAuth 认证，然后我们就可以通过 API 操作 GitHub 了。这时 OAuth Token 会自动保存在 ~/.config/hub 中。各位请慎重保管这个 Token。

```
---
github.com:
- oauth_token: Oauth Token
  user: hirocaster
```

● 命令

下面我们来实际使用 hub 命令，看看它为 Git 扩展了哪些功能。

为了与 git 命令区分得更明显，接下来讲解的内容中我们都直接输入 hub 命令。已经将 git 命令设置为别名的读者可以把 hub 的部分替换为 git，运行效果是一样的。当然，直接输入 hub 命令也不会有任何问题。

●……… hub clone

使用 `hub clone` 命令，可以省去指定 GitHub 端仓库的部分。

```
$ hub clone Hello-World
```

---

① https://github.com/defunkt/hub/blob/master/etc/hub.bash_completion.sh

② https://github.com/defunkt/hub/blob/master/etc/hub.zsh_completion

上面这个命令与下面的命令效果相同。

```
$ git clone git@github.com/用户名/Hello-World.git
```

如果要指定用户，可以输入以下命令。

```
$ hub clone octocat/Hello-World
```

效果与下面这个命令完全相同。

```
$ git clone git://github.com/octocat/Hello-World.git
```

●········ hub remote add

`hub remote add`也可以省略指定 GitHub 端仓库的部分。

```
$ hub remote add octocat
```

上面这个命令与

```
$ git remote add octocat git://github.com/octocat/当前操作仓库的名称.git
```

的效果完全相同。

●········ hub fetch

`hub fetch`与 `hub remote add`命令一样，只需输入用户名就可以指定当前操作的仓库执行命令，在此不再赘述。

●········ hub cherry-pick

`hub cherry-pick`命令只需要输入 URL 就可以获取对应修改并应用到当前分支。在审查代码时，如果发现某个提交中包含值得应用到当前分支的修改，用这个命令可以轻松完成操作。

```
$ hub cherry-pick https://github.com/hirocaster/github-book/commit/606a
76f6831194cfe8a0fdcd6e974a29a4526cbf  实际为1行
```

这个命令可以将下面两个命令的效果一次性执行。

```
$ git remote add -f hirocaster git://github.com/hirocaster/github-book.git
$ git cherry-pick 606a76f6831194cfe8a0fdcd6e974a29a4526cbf
```

●……… hub fork

hub fork命令的功能与 GitHub 页面的 Fork 按钮相同。比如我们 clone 了其他用户的仓库，现在想 Fork 成自己的仓库，只需要执行

```
$ hub fork
```

这一命令，就可获得与下面这一系列操作相同的效果。

```
（在GitHub上对仓库做Fork处理）
$ git remote add -f 用户名 git@github.com:当前操作仓库的名称.git
```

执行完毕后，Fork 出的仓库会被设置成当前本地仓库的远程仓库（以用户名为标识符）。

●……… hub pull-request

hub pull-request命令为我们提供了创建 Pull Request 的功能。利用这个命令创建 Pull Request 可以不必访问 GitHub 页面。

```
$ hub pull-request -b github-book:master -h hirocaster:index5-draft
```

使用这条命令，可以从 hirocaster 的 index5-draft 分支向 github-book 的 master 分支发送 Pull Request。执行命令后编辑器会启动，用户可以在编辑器中按照一般 Pull Request 的方式进行描述。第一行将成为 Pull Request 的标题，之后空一行，从第三行开始是 Pull Request 的正文。

如果 index5-draft 的作业内容是已创建的 Issue#123 的作业内容，我们可以直接将 Issue 作为 Pull Request 发送。

```
$ hub pull-request -i 123 -b github-book:master -h hirocaster:index5-draft
```

只需附加参数 -i以及 Issue 的编号即可。目前在 Web 上无法像这样将 Issue 直接作为 Pull Request 发送，所以建议各位开发者记下这个技巧。

●……… hub checkout

收到 Pull Request 的时候，如果想在本地检查该分支的运行状况，可以使用 hub checkout命令。只需要在命令后添加相应 Pull Request 的 URL，就可以将接收到的分支 checkout。

```
$ hub checkout https://github.com/hirocaster/wdpress69/pull/208
```

这个命令与下面两个命令效果相同。

```
$ git remote add -f -t impression git://github.com/tomamu/wdpress69.git
$ git checkout --track -B tomamu-impression tomamu/impression
```

执行之后系统会以“Pull Request 发送方的用户名 - 分支名”的形式在本地仓库中创建分支。Pull Request 送来的内容已经 checkout 完毕，管理者可以轻松地检查运行状况。

hub create

`hub create`命令适用于本地已经创建仓库，但 GitHub 端没有创建仓库的情况。

```
$ hub create
```

只需要输入上面这个简短的命令，GitHub 端就会创建一个同名仓库，并将其设置为本地仓库的远程仓库。这与下面这一系列操作效果相同。

```
(在GitHub上创建仓库)
$ git remote add origin git@github.com:用户名/当前操作仓库的名称.git
```

现在只要进行 push，代码就可以放到 GitHub 端的仓库中。需要注意的是，这种方法创建的都是公开仓库，请谨慎使用。

hub push

`hub push`命令支持同时向多个远程仓库进行 push 操作。

```
$ hub push origin,staging,qa new-feature
```

这一命令可以对下列远程仓库同时执行`git push`命令。

- origin
- staging
- qa

如果遇到需要向多个仓库进行 push 操作的情况，各位不妨试一试。

●……… hub browse

`hub browse`命令可以在浏览器中打开当前操作的仓库在 GitHub 上对应的仓库页面。

```
$ hub browse
```

这个命令与下面的效果相同。

```
$ open https://github.com/用户名/当前操作仓库的名称
```

执行后，当前操作仓库的页面会在浏览器中打开。

●……… hub compare

如果想查看当前特性分支与 master 分支的差别，可以使用 hub compare 命令。这个命令能够打开 GitHub 上对应的查看差别的页面。

在特性分支下执行下面的命令。

```
$ hub compare
```

其效果与执行下面命令的效果相同。

```
$ open https://github.com/用户名/当前操作仓库的名称/compare/当前分支名
```

执行后，GitHub 上查看分支间差别的页面就会打开。需要注意的是，这种方法是查看 GitHub 端仓库内的差别，如果最新代码在本地仓库，需要先将分支 push 给远程仓库。

● ● ● ● ● ● ● ● ●

现在各位应该明白，导入 hub 命令可以使熟悉命令行操作的开发者对 GitHub 更加得心应手。我们只介绍了使用频率较高的一些命令，其实 hub 命令并不止这些。

```
$ hub help
```

执行上面的命令，可以查看 hub 命令的相关帮助。里面介绍了添加参数后更加细致的操作，各位不妨去看一看。

Column

专栏：让 GitHub Enterprise支持 hub命令

hub 命令不但可以用于 GitHub，还可以用于 GitHub Enterprise 的操作。使用 GitHub Enterprise 的读者请运行下面的命令。

```
$ git config --global --add hub.host my.example.org
```

※ 请将 my.example.org 替换成 GitHub Enterprise 的主机名

~/.gitconfig 文件中就会添加下面这条设置。

```
[hub]
  host = my.example.org
```

添加这条设置后，从 GitHub Enterprise 上 clone 来的仓库会以 GitHub Enterprise 为对象执行 hub 命令，而从 GitHub 上 clone 来的仓库仍和原来一样，以 GitHub 为对象执行操作。

8.2 Travis CI

● 概要

Travis CI[①] 是一款免费服务，专门托管面向开源开发组织的 CI（Continuous Integration，持续集成）。

CI 是 XP（Extreme Programming，极限编程）的实践之一。近年来人们普遍使用 Jenkins 等软件来实现这一目的。

让 CI 软件监视仓库，可以在开发者发送提交后立刻执行自动测试或构建。通过持续执行这样一个操作，可以检测出开发者意外发送的提交或无意的逻辑偏差，让代码保持在一定质量以上。

如果各位正在通过 GitHub 发布代码，建议使用 Travis CI。Travis CI 支持 Ruby、PHP、Perl、Python、Java、JavaScript 等 Web 相关的语言[②]。

① http://travis-ci.org/

② http://about.travis-ci.org/docs

● 实际尝试

现在让我们来设置自己的仓库，让它可以使用 Travis CI。一般情况下，只要在仓库中添加 .travis.yml 这样一个 Travis CI 专用的文件，Travis CI 就与 GitHub 集成了。

●……… 编写配置文件

我们以在 Ruby on Rails 上应用 RSpec 为例，编写 .travis.yml 文件。

```
language: ruby
rvm:
  - 1.9.2
  - 1.9.3
script: bundle exec rspec spec
```

如上所述，按照

- 所使用语言
- 版本
- 执行测试的相关命令

的顺序描述。如果一次描述多个版本，则会以每个版本分别进行测试。这样一来，用户可以迅速检测出代码在哪些版本下无法通过测试。

如果各位使用其他种类的语言，请参考官方网站的相关文档[①]。基本的设置方法不变。将这个文件放置到仓库的路径下再 push 给 GitHub 端，我们就基本完成了使用 Travis CI 的准备工作。

●……… 检测配置文件是否有问题

Travis CI 专门提供了 Travis WebLint 供用户检测 .travis.yml 文件是否存在问题[②]。检测时只需指定仓库，如果发现问题会出现图 8.1 中的页面。

---

① http://about.travis-ci.org/docs/user/getting-started/

② http://lint.travis-ci.org/

图 8.1 通过 Travis WebLint 检测配置是否正常

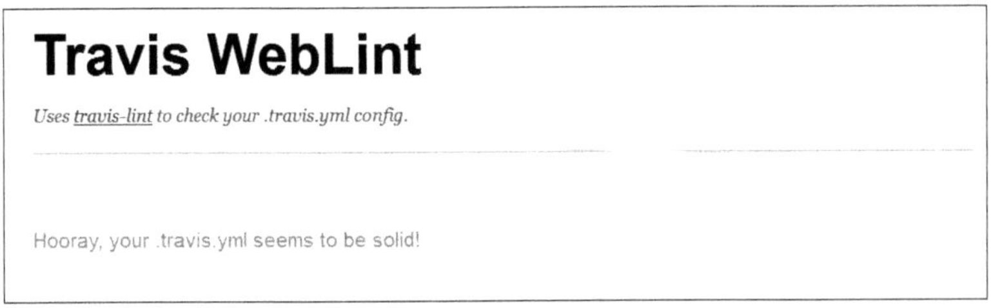

Travis WebLint

Uses travis-lint to check your .travis.yml config.

Hooray, your .travis.yml seems to be solid!

如果配置文件的描述有误，在实际启动 CI 后会返回错误结果，但此时人们往往搞不清问题出在哪里。所以在开始使用 CI 之前请务必进行这项检测。

●……… 与 GitHub 集成

现在让我们访问 Travis CI 的网站，点击右上角的 Sign in with GitHub。输入 GitHub 的用户名与密码后，会通过 GitHub 进行认证。认证完毕再回到这个页面，之前显示 Sign in with GitHub 的地方就变成了用户的 GitHub 信息。

现在我们把鼠标指针移动到头像上，点击 Accounts 跳转至图 8.2 所示的页面。页面下部是我们的仓库列表。我们只要将仓库名右侧的开关置为 ON，就可以对该仓库应用 Travis CI。

图 8.2 Accounts

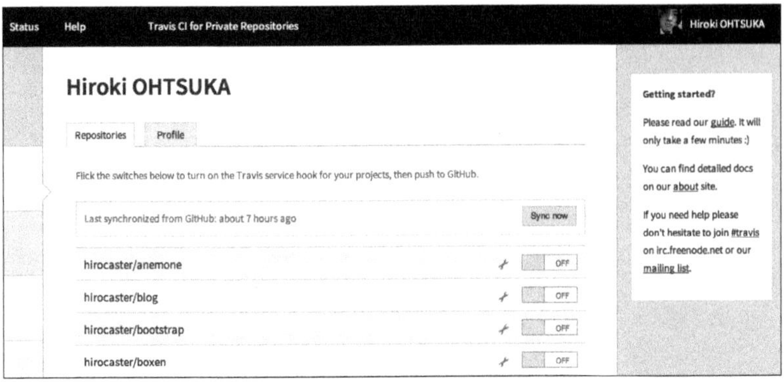

Status Help Travis CI for Private Repositories Hiroki OHTSUKA

Hiroki OHTSUKA

Repositories Profile

Flick the switches below to turn on the Travis service hook for your projects, then push to GitHub.

Last synchronized from GitHub: about 7 hours ago Sync now

hirocaster/anemone OFF

hirocaster/blog OFF

hirocaster/bootstrap OFF

hirocaster/boxen OFF

Getting started?

Please read our guide. It will only take a few minutes :)

You can find detailed docs on our about site.

If you need help please don't hesitate to join #travis on irc.freenode.net or our mailing list.

访问 GitHub 的 Webhooks & Services 页面（图 8.3），点击 Configure

services 后从列表中选择 Travis，我们就能看到 Travis 的设置了。点击 Test Hook 按钮，Travis CI 端会对这个仓库进行试验性的自动测试。现在我们再回到 Travis CI，查看自动测试是否正常执行。如果所执行内容与我们设置的相同，那么这次设置就算完成了。

今后，向 GitHub 的 push 操作将会自动触发 Travis CI 端的自动测试。

图 8.3 Hook 的测试

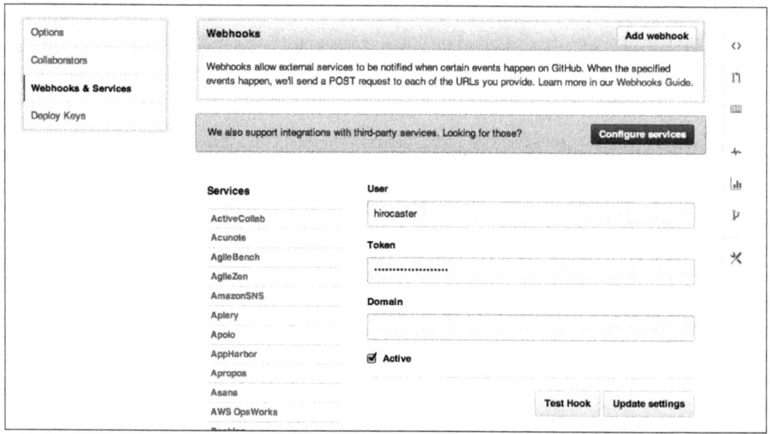

这个仓库在 Travis CI 端的 URL 为 `https://travis-ci.org/` *用户名 / 仓库名*。用户可以在这个页面查看自动测试的执行情况。另外，跳转至 Travis CI 首页直接搜索自己的用户名等信息，也可以查询到测试的执行情况（图 8.4）。

图 8.4 测试的执行情况

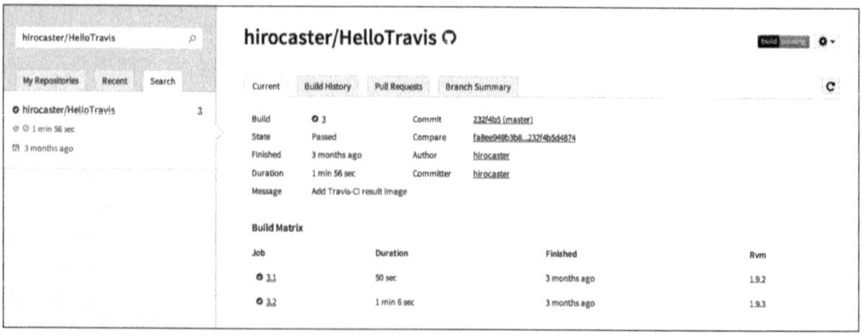

在 .travis.yml 中写入设置，还可以通过邮件或 IRC（Internet Relay Chat，多人在线交谈系统）接收 Travis CI 的执行结果。漏掉结果有百害而无一利，所以设置时一定要选择自己经常关注的地方。具体设置方法请参考官方文档[①]。

●……… 将 Travis CI 的结果添加至 README.md

各位在查看 GitHub 端仓库的 README.md 文件时，不知有没有见到过像图 8.5 中 “build passing” 那种绿色或红色的图片。这就是刚才 Travis CI 的执行结果。

图 8.5 Travis CI 的状态图

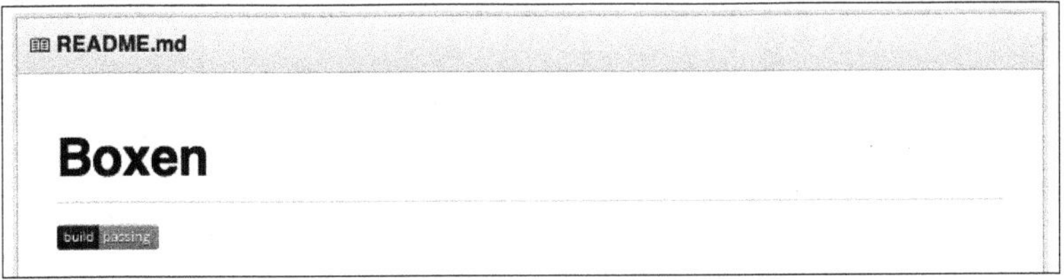

绿色的图片表示仓库内代码顺利通过了测试，相反红色的图片表示仓库没有通过测试，证明仓库很可能存在某种问题。将执行结果显示在 README.md 中，既可以显示仓库的健全性，又可以防止自己遗漏 Travis CI 的结果，一举两得。

如果采用了 Markdown 语法，只需按下面格式进行描述。

```
[![Build Status](https://secure.travis-ci.org/用户名/仓库名.png
)](http://travis-ci.org/用户名/仓库名)
```

① http://about.travis-ci.org/docs/user/build-configuration/

8.3 Coveralls

● 概要

Coveralls[①] 是由 Lemur Heavy Industries[②] 运营的代码覆盖率检测服务。借助 Travis CI 或 Jenkins 等持续集成服务器，向用户报告自动测试的测试覆盖率（图 8.6）。

图 8.6 代码覆盖率的报告

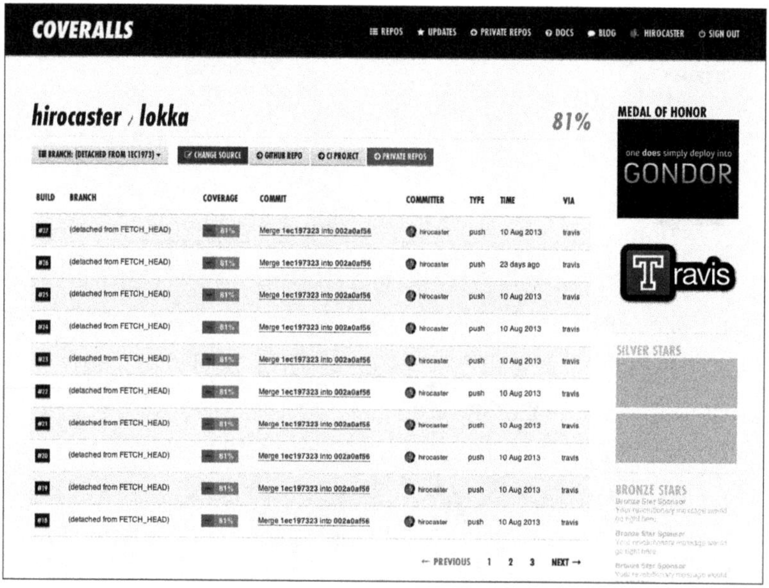

该服务支持 Ruby/Rails、Python、PHP、JavaScript/Node.js、C/C++、Java、Scala 等语言。详细内容请查看官方网站的相关文档[③]。

除简略报告外，用户还可以查看代码每部分执行了多少次测试等信息（图 8.7）。

① https://coveralls.io/

② http://lemurheavy.com/

③ https://coveralls.io/docs

图 8.7 详细报告

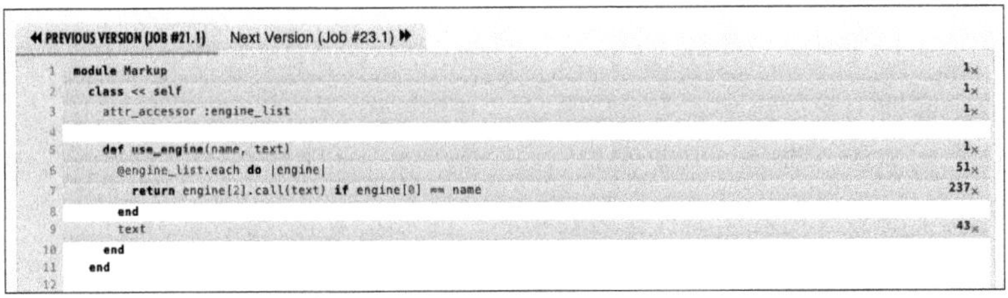

◀◀ PREVIOUS VERSION (JOB #21.1) Next Version (Job #23.1) ▶▶

```
module Markup                                          1x
  class << self                                        1x
    attr_accessor :engine_list                         1x

    def use_engine(name, text)                         1x
      @engine_list.each do |engine|                    51x
        return engine[2].call(text) if engine[0] == name   237x
      end
      text                                             43x
    end
  end

```

Coveralls 可以为每一个 Pull Request 生成一份报告，我们建议各位使用这项服务，以时常提醒自己注意覆盖率问题。另外，由于用户可以通过详细报告了解哪些代码没有被测试，所以还有助用户改进自动测试的内容，提高测试效率。

这项服务对开源开发是免费的，私有仓库则需要支付一定费用。具体金额请查看官方网站[①]。

下面我们来举例讲解 Coveralls 的安装方法。

● 安装

Coveralls 的安装非常简单，但使用时有前提条件。

- 源代码保存在 GitHub 上
- 已经集成了 Travis CI 或 Jenkins 等服务

只要满足以上条件，就可以立即使用 Coveralls。本章中我们讲解如何与 Travis CI 或 Jenkins 进行集成。

这次我们借用 Ruby 开发的 CMS——lokka[②] 来进行安装。

●……… 注册

访问 Coveralls 的首页并点击 FREE SIGN UP，可以经由 GitHub 注册账户。

---

① https://coveralls.io/pricing

② https://github.com/lokka/lokka

●……… 添加对象仓库

账户注册成功后再到 Coveralls 的首页点击 ADD REPO，这里可以添加需要生成覆盖率报告的仓库。

页面中会列表显示我们在 GitHub 端的仓库（图 8.8），添加时只需要将仓库名右边的开关设置为 ON。

图 8.8 仓库列表

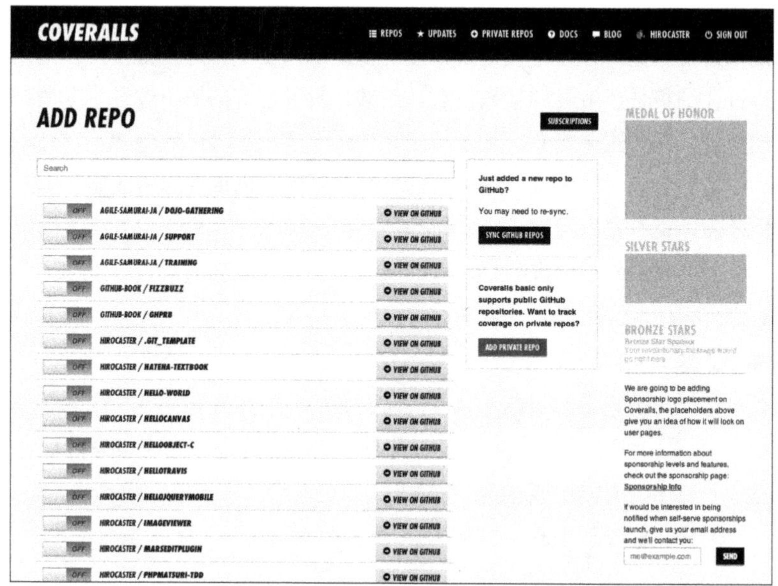

返回 Coveralls 首页，我们能看到刚才设置为 ON 的仓库已经成为报告对象。点击链接会进入图 8.9 所示的页面，这个页面为我们讲解了如何编写 Coveralls 的配置文件以及需要安装哪些插件。

●……… 编写配置文件

Coveralls 的配置文件是 .coveralls.yml。我们将这个文件放到仓库路径下。文件内容如下所示。

```
service_name: travis-ci     ←描述正在使用的CI
```

如果各位使用其他的持续集成服务器（Jenkins 等），最好按照自己的需要将 service_name 改成简单易懂的名称。另外，这种情况下 repo_token 需要描述成 repo_token:xxxxxyyyyyzzzz 的形式。repo_token 可以在图 8.9 所示的页面中找到。

图 8.9 Coveralls 的配置解说页面

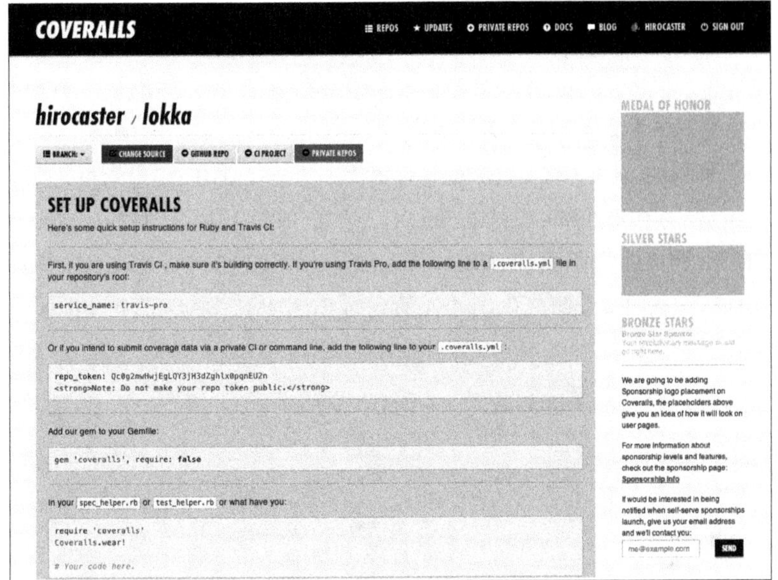

●········ 添加 gem

如果使用 Ruby 或 Rails，还需要添加 gem。使用其他语言的读者请查看官方网站的相应文档。

我们在 Gemfile 中添加下面一行文字。

```
gem 'coveralls', require: false
```

另外，还要在 ./spec/spec_helper.rb 或 ./test/test_helper.rb 等各位正在使用的测试工具的 helper 文件中添加下面这段代码。

```
require 'coveralls'
Coveralls.wear!
```

使用 Rails 的读者请替换成下面这段代码进行设置。

```
require 'coveralls'
Coveralls.wear!('rails')
```

执行 `bundle install` 命令后，记得要将所有修改过的文件提交一遍。

查看报告

完成上述设置后进行 push 操作，Coveralls 就会在 Travis CI 自动测试后生成报告。Coveralls 报告的 URL 为 `https://coveralls.io/r/用户名/仓库名`。

与 Travis CI 一样，Coveralls 也提供了让 README.md 显示相关信息的标记。在报告下部 README BADGE 栏内的图片下方可以找到 Get badge URLs，点击之后便可获得 URL（图 8.10）。将 URL 添加至 README.md 文件后，我们就可以在 GitHub 上看到与 README BADGE 栏中同样的图片了。

图 8.10　Coveralls 的标记

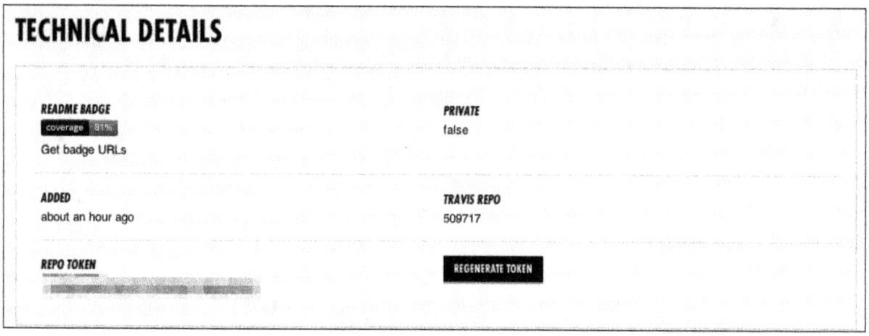

8.4　Gemnasium

Gemnasium 服务可以查询 GitHub 仓库中软件正在使用的 RubyGems 或 npm（Node Package Manager，包管理器），让开发者了解自己是否正在使用最新版本进行开发[①]。

① https://gemnasium.com/

最近的软件都会用到多个库。因此，当库的版本升级时，如果不及时应对，就会影响到软件的使用。

比如，帮助用户轻松使用 GitHub API 的 RubyGems 中有 octokit[①] 这样一个库，而我们正在开发的软件正好用到了这个库。现在由于 GitHub 对 API 做了修改，octokit 只好升级版本以做应对。这时 RubyGems.org 上一定会发布新版本的 octokit。如果我们使用了 Gemnasium，就会第一时间接到通知。

另外，在 Gemnasium 的网站上会列出我们正在使用的 RubyGems 及其与最新版本的差距。版本方面的问题可以在这里一目了然（图 8.11）。

图 8.11　正在使用的 RubyGems 以及相应最新版的列表

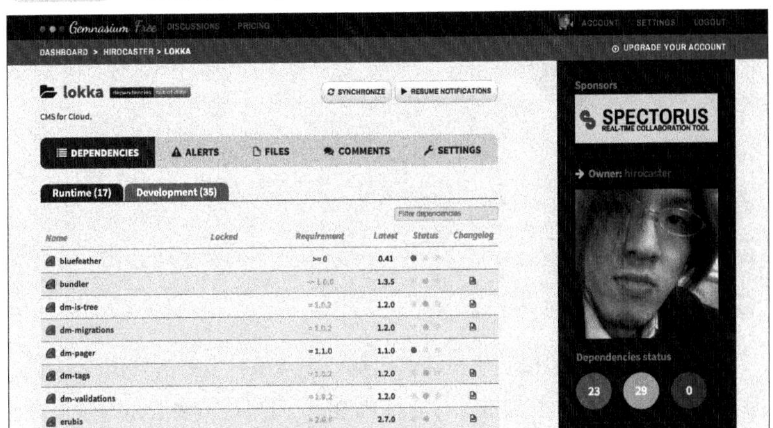

Public 仓库可以免费使用 Gemnasium，Private 仓库则需要支付一定费用。如果各位有公开的仓库，推荐试一试这项服务。

8.5　Code Climate

Code Climate 是一款代码分析报告服务[②]，目前只支持 Ruby。这项服

① http://rubygems.org/gems/octokit

② https://codeclimate.com/

务可以分析 GitHub 仓库中的软件，查出软件中质量有问题的代码，同时给软件品质评级。这是一项收费服务，但是有 14 天的免费试用期。

Code Climate 可以在我们的日常开发中分析代码，对容易出现 BUG 的复杂部分发出警告。如果不进行重构，与分析结果相伴的评级就会越来越低（图 8.12）。这样一来可以督促我们在日常编写高品质代码，在评级下降时及时进行重构，让软件时常保持在一个高品质状态。

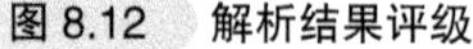
图 8.12　解析结果评级

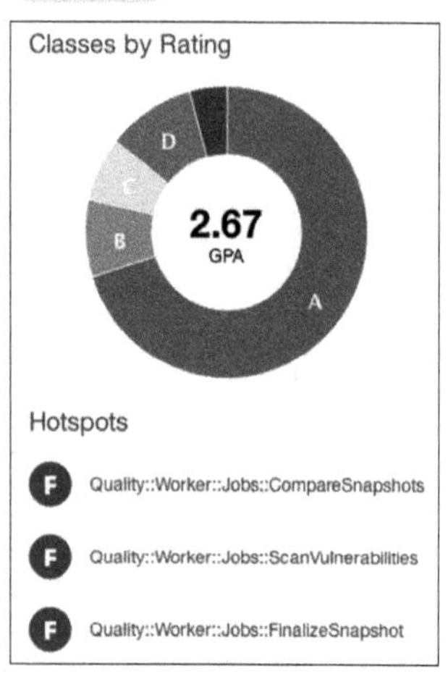

Code Climate 可以帮用户筛选出那些随意敲打出的劣质代码，督促用户时常进行重构。强烈推荐日常使用 Ruby 开发的读者尝试这项服务。

8.6 Jenkins

● 概要

Jenkins 是代表性的持续集成服务器，下面我们来讲解如何让 Jenkins 与 GitHub 集成。

在这里，我们将把 GitHub 端仓库发来的 Pull Request 设置为触发器，让系统自动进行测试，并将测试结果发送至 GitHub。通过这种方法可以检验收到的 Pull Request 会不会破坏软件原有功能。另外，如果 Pull Request 会给某些功能带来 BUG 而无法通过测试，那么这个 Pull Request 将会像图 8.13 中那样显示在 GitHub 上，防止管理员误合并。

图 8.13 Pull Request 未通过测试时显示的内容

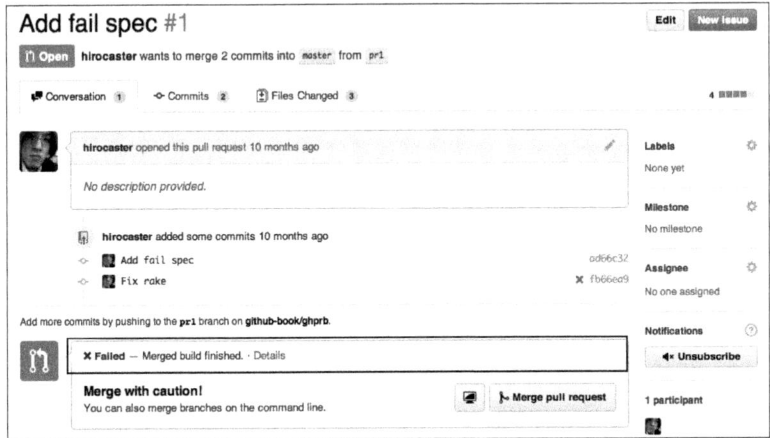

通过测试的 Pull Request 将会像图 8.14 中那样以绿色显示。它表示该 Pull Request 至少成功运行了所有测试代码。

图 8.14 Pull Request 通过测试时显示的内容

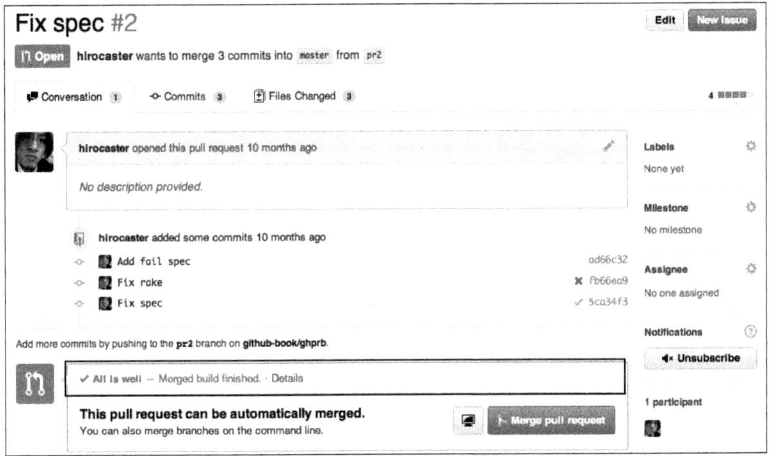

测试成功的结果一目了然，让开发者能够放心进行合并。另外，即

使没能通过测试，Jenkins 也会持续对该 Pull Request 进行测试，让开发者轻松找出发生问题的时间点。

● 安装

Jenkins 的官方网站[①]上发布了 Linux 等多种 OS 下的安装包。各位可以从官方网站的右侧选择合适的安装包进行下载。

下载完成后要使用当前 OS 的标准安装方法进行安装。Jenkins 在众多环境中都有运行实例，各位大可选择自己熟悉的环境。当然，需要进行持续集成的目标软件最好在当前环境中可以运行。

通过安装包完成安装后，Jenkins 会随 OS 一起启动，其他设置也会自动完成。只要安装正常，Jenkins 将会默认使用 8080 端口。各位可以打开浏览器访问 "http://jenkins 所在服务器的 IP 地址 :8080/"，会看到如图 8.15 的页面。

图 8.15 Jenkins 的初始界面

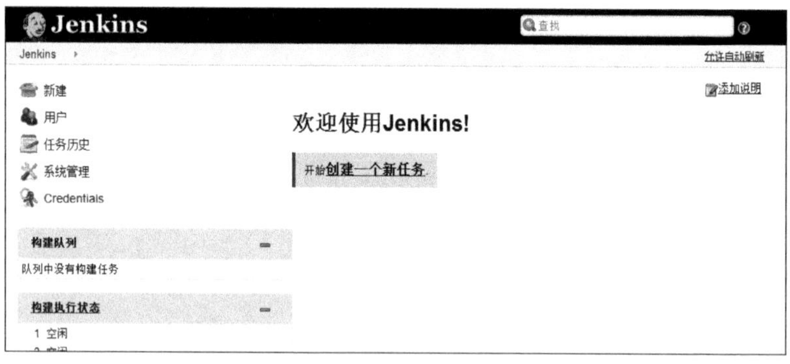

至于端口号等 JVM 的设置，不同的安装包之间有所不同。使用 deb 格式的 Debian GNU/Linux 或 Ubuntu 等 Linux 在 /etc/default/jenkins 中进行设置，而使用 rpm 格式的 Red Hat Linux 或 CentOS 则在 /etc/sysconfig/jenkins 中进行设置。详细位置请参照官方网站的 Wiki 页[②]。

① http://jenkins-ci.org/

② https://wiki.jenkins-ci.org/display/JENKINS/Native+Packages

● 创建 bot 账户

我们要在 GitHub 上新建一个账户，让 Jenkins 通过这个账户从仓库获取源代码以及向 GitHub 发送测试结果。今后我们将这个账户称为 bot 账户。

然后要创建 bot 账户专用的公开密钥和私有密钥。通过安装包安装 Jenkins 时，OS 中会创建一个 jenkins 用户，使用这个用户来创建密钥可以自动分配私有密钥，省去后续的麻烦。要注意的是，这个密钥的密码短语（Passphrase）一定要留空。由于 Jenkins 要通过这个密钥访问 GitHub 的仓库，如果设置了密码短语，再想让测试全自动进行可就要费一番功夫了。

接下来将新创建的无密码短语的公开密钥添加到 bot 账户中。

账户的创建及设置请参考第 3 章。

● bot 账户的权限设置

我们需要给 bot 账户设置 GitHub 端持续集成对象所在仓库的访问权限。

公开仓库虽然可以读取，但要将结果添加至 GitHub 就必须拥有写入权限。另外，如果对象是非公开仓库，没有读取和写入权限的话 bot 是无法访问仓库数据的。

●……… 对象为个人账户时

如果 GitHub 端的仓库归属于个人账户，需要从 GitHub 的仓库页面进入 Settings 页面，将 bot 账户添加到 Collaborators 中。添加在这里的账户能够获得这个仓库的写入（push 等）和读取（clone、pull 等）的权限。

●……… 对象为 Organization 账户时

如果仓库归属于 Organization 账户，则需要在 GitHub 页面左上角的切换账户处选择 Organization 账户。进入 Organization 账户页面选择 Teams 标签页，打开团队一览（图 8.16），然后选择 New Team，给 bot

账户创建一个新的团队。

图 8.16　团队一览

github-book
Members 3
Teams 2
Find a team...
My teams
New team
owners
1 member · 6 repositories
developer
2 members · 1 repository
Join

接下来输入团队相关的设置（图 8.17）。在 Team Name 处输入团队名。这里我们将团队名定为 bot。“What permission level should this team have?”处可以选择这个团队拥有的权限。这里要选择 Write Access。最后点击 Create team 即可创建团队。

图 8.17　创建团队与权限设置

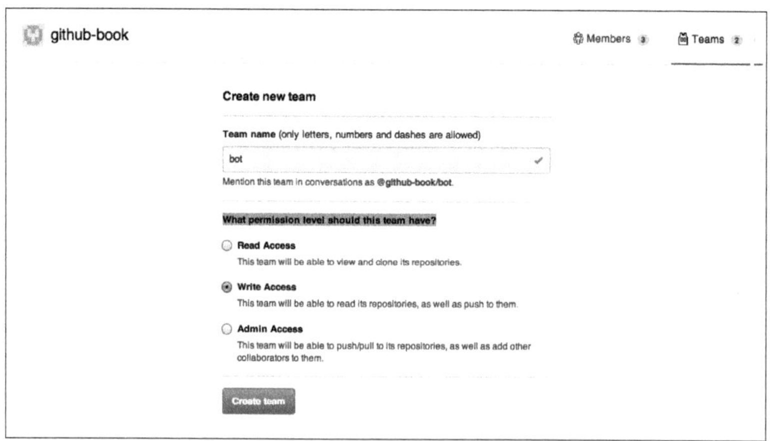

在接下来的页面中要设置 bot 团队的成员与仓库（图 8.18）。团队所属成员的账户在页面左侧添加。这里我们的 bot 账户名为 hirocaster-bot。页面右侧可以添加与该团队关联的仓库。我们要进行持续集成的对象在 github-book/ghprb 中，于是我们将它添加进去。

图 8.18 团队成员与仓库的设置

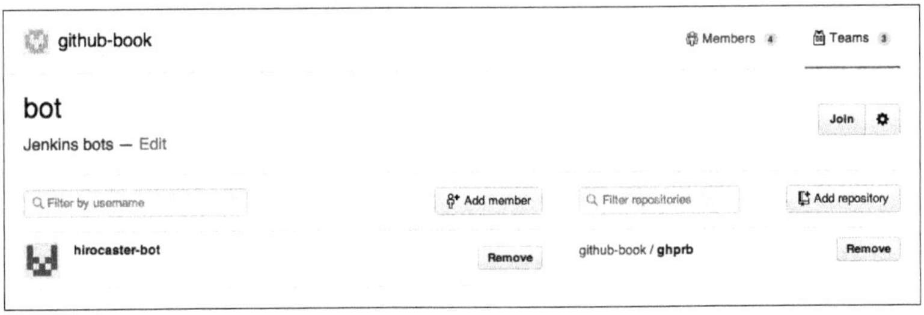

团队名下方显示的团队说明可以通过点击 Edit 来修改。在这里填写简单的团队说明可以在团队增多后方便整理，所以建议大家多花点时间写上概要。

全部输入完成后点击右上角的 Teams，查看已创建的团队。

●……… 检查设置

至此，我们完成了 bot 账户对持续集成对象仓库的权限设置。现在退出 GitHub 重新登入 bot 账户，确认是否能看到该仓库。

今后如果增加了新的持续集成对象仓库，只需给本次创建的团队添加仓库，就可以让 bot 账户获得访问仓库的权利。

● 给 Jenkins 设置 SSH 密钥

由于 Jenkins 要使用 bot 账户的私有密钥访问仓库，所以必须设置一个私有密钥。

●……… 初次使用 Jenkins 时

通过安装包安装 Jenkins 后，OS 中会自动生成一个 jenkins 用户。如果在这个 jenkins 用户下生成新的密钥，那么私有密钥就已经自动配置完毕，不需要多做更改。

如果新密钥不是在 jenkins 用户下生成，则需要在 jenkins 用户的个人文件夹起始目录下创建 .ssh 目录，在 .ssh 目录下配置私有密钥（id_rsa）。比如在 Ubuntu 等 Linux 的派生操作系统下，私有密钥的路径就是

/var/lib/jenkins/.ssh/id_rsa。配置私有密钥之后，jenkins 用户就可以自动使用这个私有密钥通过 SSH 进行访问。然后只要将 Jenkins 的 job 设置成通过 SSH 访问 GitHub 仓库，Jenkins 就可以访问仓库了。

●……… 已经在使用 Jenkins 时

如果已经使用 Jenkins 为其他项目进行持续集成并且占用了 id_rsa 文件，就需要花一些功夫了。我们要在 ~/.ssh/config 中写入 SSH 客户端的相关设置，为 SSH 访问特定主机时，设置要访问的实际主机名以及对应的私有密钥。

在 jenkins 用户的 ~/.ssh/config 中添加下面的代码。

```
Host ghprb.github-book
  Hostname github.com
  IdentityFile ~/.ssh/bot_id_rsa ←指定访问GitHub时的私有密钥
  StrictHostKeyChecking no

Host *
  IdentityFile ~/.ssh/id_rsa ←指定通常情况下使用的私有密钥
```

在 ~/.ssh/bot_id_rsa 中配置我们新创建的私有密钥。由于是私有密钥，我们将权限设置为 400。

通常情况下我们是通过 `git@github.com:github-book/ghrpb.git`访问 GitHub 仓库的。但是经过本次设置后，在通过 Jenkins 访问仓库时，请将上面主机名的部分替换为本次设置的 HOST 名，比如 `git@github.com:github-book/ghrpb.git`就需要修改成 `git@ghprb.github-book:github-book/ghrpb.git`。

设置完成后，Jenkins 在通过 SSH 访问不同主机时就可以使用不同的私有密钥了。

现在我们的 jenkins 用户已经可以使用 bot 账户的私有密钥访问 GitHub 仓库了。我们不妨先在 jenkins 用户下尝试 clone 等操作，确认能否正常执行，以便在后面 job 设置出问题时能快速找到原因。

● GitHub pull request builder plugin 的安装

使用 Jenkins 对 Pull Request 进行自动测试时，需要用到 GitHub pull request builder plugin[1] 插件[2]。这个插件可以在 Jenkins 内部构建出 Pull Request 合并之后的状态并执行自动测试。由于其结果会自动发送到 GitHub，所以能够让我们避免"Pull Request 合并后出现了某些问题导致测试未通过"的情况。如此一来，Pull Request 的合并就变得更加安全了。

现在我们将这个插件安装到 Jenkins 上。

访问 Jenkins 的主界面，依次选择"系统管理"→"管理插件"，然后选择"可选插件"标签页。从列表中找出 GitHub pull request builder plugin，勾选安装复选框，点击直接安装（图 8.19）。随后相应插件就会安装到系统中（图 8.20）。

接下来我们继续进行 Jenkins 的设置。首先打开"系统管理"→"系统设置"页面。

图 8.19　选择 GitHub pull request builder plugin

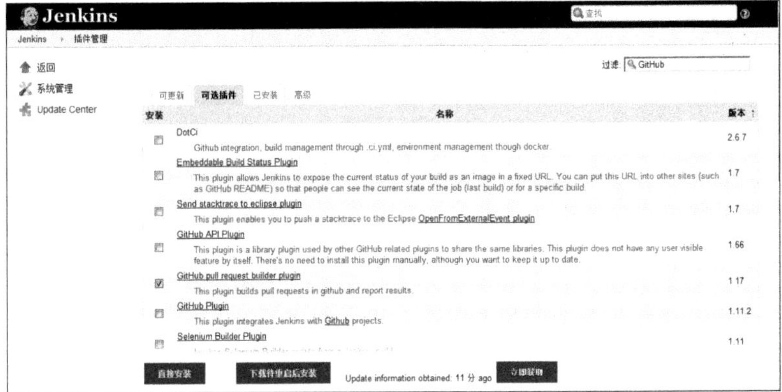

① https://wiki.jenkins-ci.org/display/JENKINS/GitHub+pull+request+builder+plugin

② 本书使用的是 1.9 版本。

图 8.20　相关插件已安装完毕

● Git plugin 的设置

点击"配置"下拉菜单中的 Git plugin，移动至 Git plugin 项目（图 8.21）。

图 8.21　Git plugin

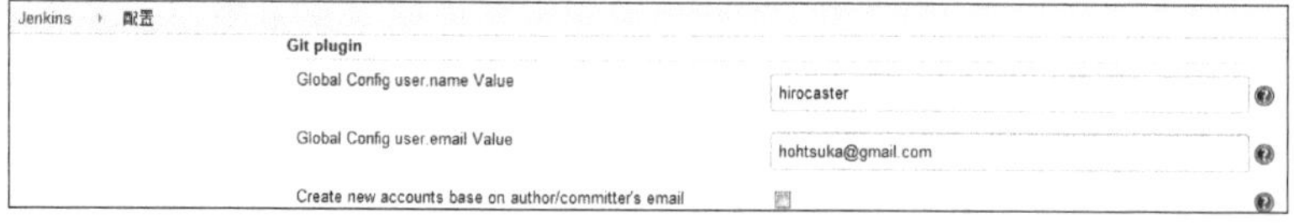

现在我们来设置 Jenkins 内部使用的 Git。在 Global Config uesr.name Value 中输入姓名，在 Global Config user.email Value 中输入邮箱地址。要注意，这两项都是必填项。

● Github Pull Requests Builder 的设置

接下来我们移动至 Github Pull Requests Builder 项目，然后点开项目下部的"高级"。

●········ Github server api URL

如果各位使用的是普通的 GitHub，那么这项不需要更改，如果使用的是 GitHub Enterprise，则需要配合环境进行设置。

●········ Access Token

Jenkins 与 GitHub 之间的互动其实就是通过 bot 账户的 Access Token 与 GitHub 的 API 进行信息交互，因此需要获取 bot 账户的 Access Token。

填写下方的 Username 与 Password 后点击 Create access token，Jenkins 就会自动通过 bot 账户的 Username 和 Password 获取 Access Token。

成功获取后，该部分附近会显示一长串随机文字列。只要将这个文字列复制到上数第二项 Access Token 栏中即可。

图 8.22 Access Token 的设置

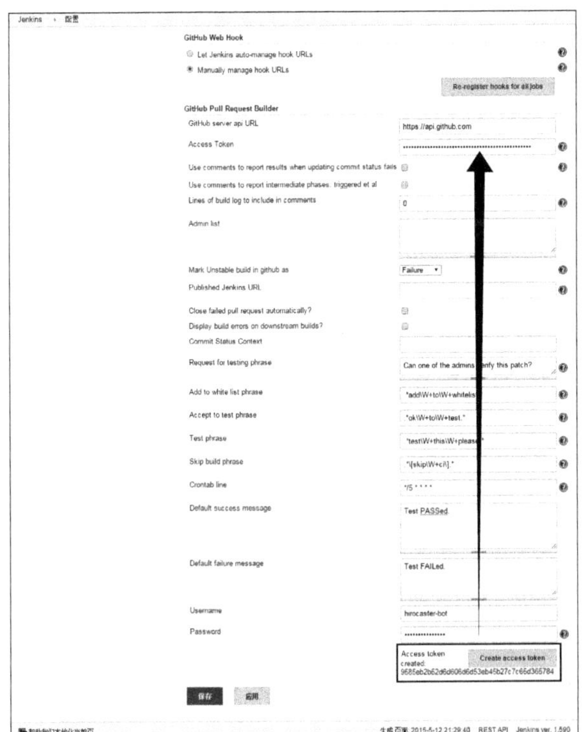

●········ Admin list

GitHub pull request builder plugin 可以让用户通过在 GitHub 的 Pull Request 中添加特定评论的方式，给 Jenkins 发送“执行任务”等命令。我们需要在这里添加 GitHub 的用户名，将上述权限赋予该用户。新建任务时，相关权限将会以这里的设置为默认值。当然，在每个任务中也可以单独进行设置。

以上全部输入完毕后点击保存。

● job 的创建与设置

Jenkins 的任务用来执行自动测试，现在我们在 Jenkins 中实际创建一个。点击“创建一个新任务”，给任务起一个合适的名称，然后选择“构建一个自由风格的软件项目”。

下面是任务的设置，我们只讲解必须进行的设置，其他设置请各位根据自己的需要进行判断。

●········ GitHub project

在 GitHub project 中输入 GitHub 仓库的 URL，例如 `https://github.com/github-book/ghprb/` 等。

●········ 源码管理

在“源码管理”中选择 Git（图 8.23）。Repository URL 要填 SSH 协议的 URL，例如 `git@github.com:github-book/ghprb.git`。如果在前面讲到的 ~/.ssh/config 中进行了设置，要注意替换主机名。

图 8.23　源码管理系统设置

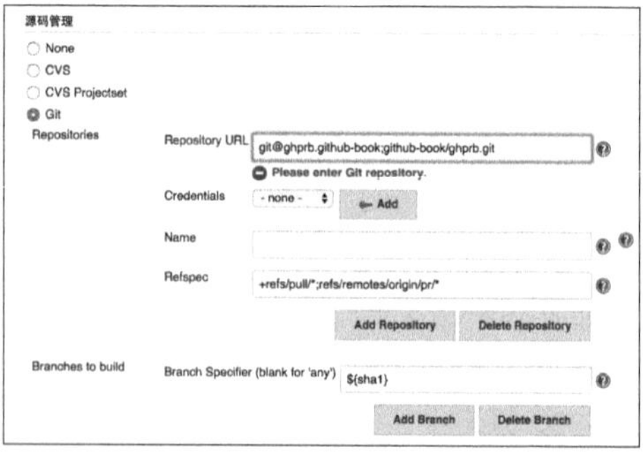

接下来选择 Repositories 的“高级”。在 Refspec 中输入以下内容。

```
+refs/pull/*:refs/remotes/origin/pr/*
```

在 Branches to build 的 Branch Specifier(blank for default) 中输入以下内容。

```
${sha1}
```

●……… 构建触发器

在“构建触发器”中我们需要设置让任务开始执行的触发器（图 8.24）。先勾选 Github Pull Requests Builder，然后点击“高级”。

在 Admin list 中输入管理者的用户名。

Crontab line 需要按照 Cron 的格式进行描述。Jenkins 会按照这里设置的时间检查 Pull Request。默认设置为每 5 分钟检查一次。

图 8.24 job 中 Github Pull Requests Builder 的设置

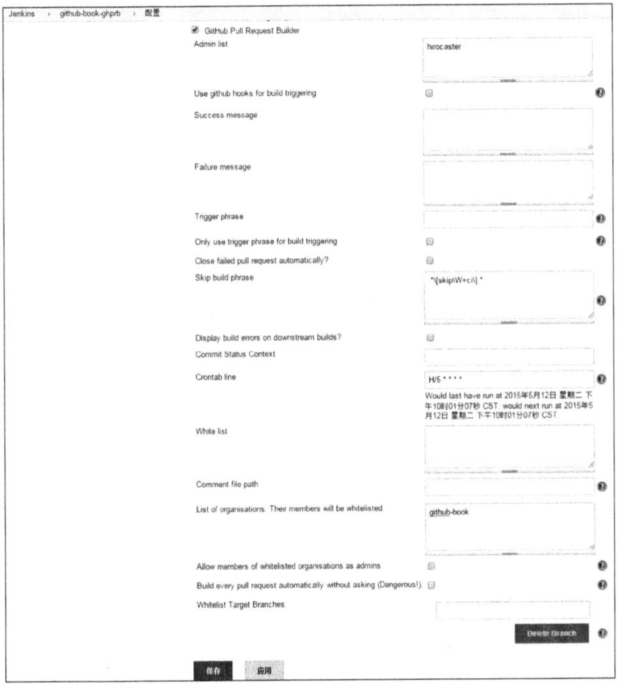

在 White list 中填写有可能向自己发送 Pull Request 的 GitHub 用户名。当接收到 Pull Request 时，如果发送方的用户名在 White list 或 Admin list 之中，Jenkins 就会自动执行任务。

如果在“List of organisations. Their members will be whitelisted”中输入 Organization 账户，那么隶属该账户的所有 GitHub 用户都会获得与 White list 相同的权限。

●……… 构建

“构建”用来设置执行自动测试等作业的流程。这里请各位根据自己正在开发的软件进行设置。

以上我们完成了最低限度的设置。现在只要接收到 Pull Request，任务就会自动执行。但是 Pull Request 的发送者必须在 Admin list 或 White list 之中。

其他开发者送来 Pull Request 时，需要由 Admin list 中的用户填写评论进行控制，比如将该开发者加入 White list，或者直接允许测试执行等。关于这方面我们会在后面详细讲解。

● 通知结果

自动测试的结果会由 GitHub pull request builder plugin 发送到 GitHub。这时要用到的 API 名为 Commit Status API[①]。

接收到 Pull Request 时，持续集成服务器会进行处理然后发送信息，随后会根据最新提交显示如图 8.25 的状态。

图 8.25 显示 Pull Request 的状态

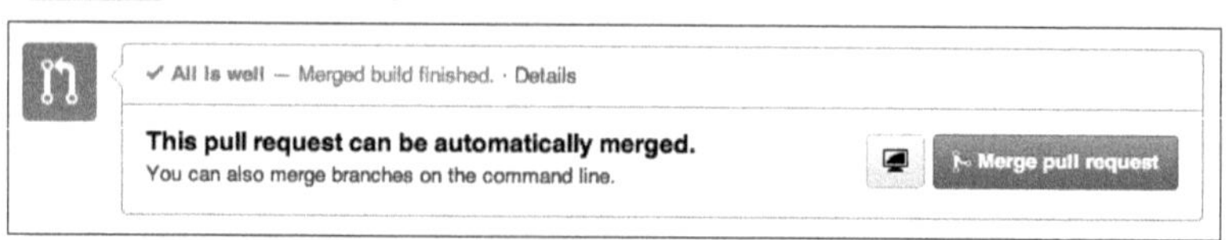

这一状态附带名为 Details 的链接，指向我们刚刚设置的 Jenkins。

① https://github.com/blog/1227-commit-status-api

点击这个链接可以查看相关的详细内容。

●……… 测试执行中的状态

接收到 Pull Request 之后，如果自动测试仍在执行中无法确定状态，则会显示为图 8.26 的样子。这时只要稍等一会，等 GitHub 接收到测试结果，状态就会被更新。

图 8.26 测试执行中的状态

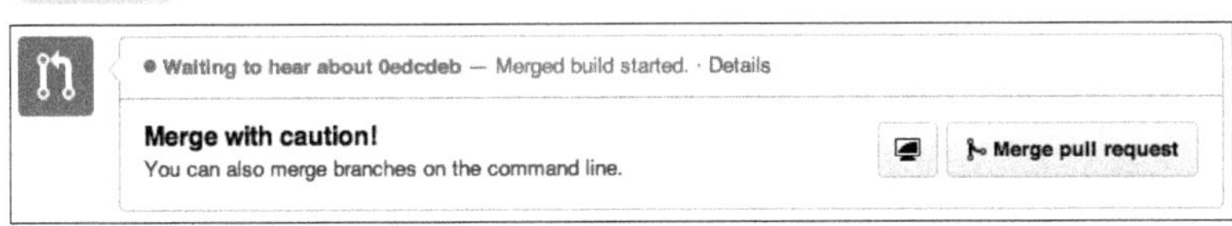

●……… Failed

如果有某项测试没有通过，则会显示图 8.27 的状态。

图 8.27 测试未通过时的状态

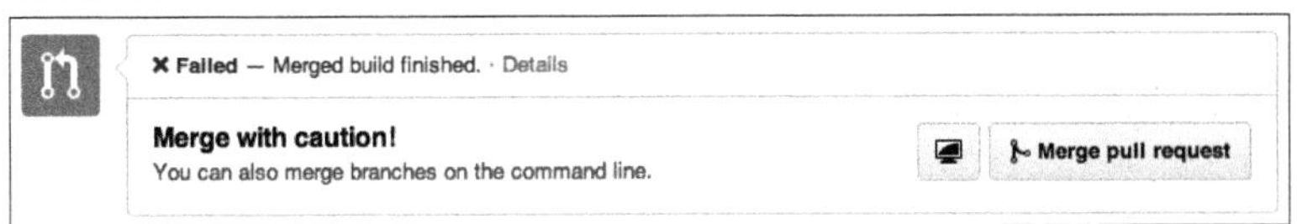

这时可以点击 Details 链接查看详细内容，找出没能通过测试的问题所在。要注意，这个状态下千万不能合并 Pull Request。

●……… All is well

如果测试全部正常通过，会如图 8.25 中那样以绿色显示。之后只要代码审查等工作没有发现问题，就可以合并了。

●……… commit status

GitHub pull request builder plugin 虽然是根据最新的提交来执行任务，但是也会记录过去的提交状态。如果测试未通过，该提交会像图 8.28 里那样被标上“×”。

图 8.28 测试未通过时的标记

Add fail spec	ad66c32
Fix rake	✖ fb66ea9

将其修正再 push 后，会如图 8.29 中那样标上绿色对勾。

图 8.29 测试通过时的标记

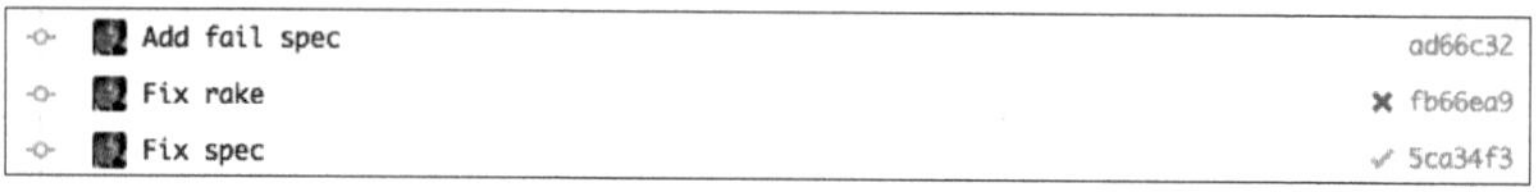

Add fail spec	ad66c32
Fix rake	✖ fb66ea9
Fix spec	✓ 5ca34f3

根据这些结果记录，可以直观地分辨出哪些提交引起了测试结果的变化，帮助开发者迅速地辨明问题所在。

● 通过评论进行控制

在 GitHub 的 Pull Request 中填写特定评论可以控制 GitHub pull request builder plugin。

●……… 执行任务

如果是 Admin list 和 White list 名单之外的用户发来 Pull Request，bot 账户会询问“Can one of the admins verify this patch?”。这种情况下任务不会自动执行。

Admin list 名单中的用户可以通过发送“ok to test”的评论让任务开始执行。如果发送评论的用户不在 Admin list 当中则会被 bot 账户忽略。如果发送 Pull Request 的用户在 White list 之中，则任务会自动开始执行。

●……… 添加至 White list

如果想将发送 Pull Request 的用户添加至 White list，就用 Admin list 名单中的用户发送“add to whitelist”的评论。今后这个用户发来 Pull Request 的话，任务都会被自动执行（图 8.30）。

●……… 重新执行任务

如果遇到某些情况需要重新执行任务，只要 Admin list 或 White list

名单中的用户发送“retest this please”的评论即可。

●……… 变更指定评论

指定评论的内容可以在“系统管理”→“系统设置”→“Github Pull Requests Builder”→“高级”中进行更改。

图 8.30 发送“add to whitelist”评论的示例

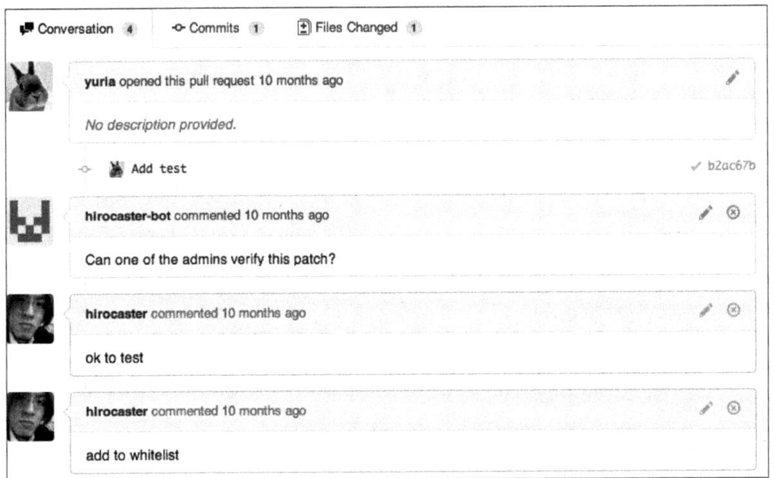

8.7 小结

通过使用 Jenkins 和 GitHub pull request builder plugin，我们可以更安全地合并 GitHub 的 Pull Request。第 9 章中我们也会接触到自动测试和持续集成的相关内容。在现代的软件开发中持续集成已经不可或缺，甚至逐渐成为开发中的常识。在开源世界中也是同样。

在了解一遍过程之后，持续集成的安装会变得很简单。但是在认证和权限设置方面仍存在很多难以处理的东西，往往让人们花费大量时间。因此本书详细讲解了如何让其与 GitHub 集成。各位不妨参考本书尝试一下持续集成的应用。

Column

专栏：用 Coderwall 生成 GitHub 上的个人信息

Coderwall[注a] 是由社区众筹的方式开发、运营的一款服务，它可以根据 GitHub 的仓库信息等为开发者免费生成个人信息，同时根据在 GitHub 上的业绩与成就给开发者颁发勋章（图 a）。

这是一张可以证明开发者使用何种语言参与了多少个项目的证书。根据其所获得的勋章就可以判断这个人的特点。各位如果有感兴趣的人，不妨查看一下他们的个人信息。

这些勋章可以嵌入到博客等网站，各位可以试着把它们展示在个人信息栏里[注b]。

Coderwall 中的 Teams[注c] 是展示各团队的地方，在这里，你既可以上传自己的团队资料，展示自己的团队成绩和文化，以此来吸引志同道合的同伴，也可以查看其他团队有哪些程序员，在 GitHub 上开发什么代码以及他们的团队文化。

有意跳槽的人可以在这里查看是否有心仪的团队。如果您的公司还没有参与进来，也不妨借这个机会展示一下，将这里作为一种交流的平台。

注 a https://coderwall.com/

注 b https://coderwall.com/api#blogbadge

注 c https://coderwall.com/leaderboard

图 a Coderwall 的勋章

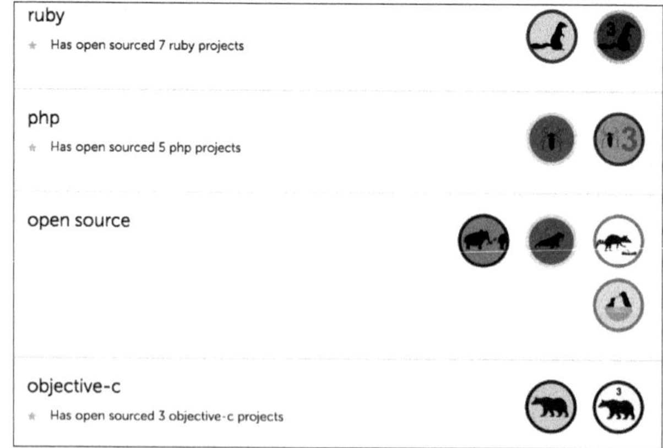

第9章

使用GitHub的开发流程

在开发流程中使用 GitHub，可以将开发团队的能力发挥到最大限度。下面我们就为各位介绍这类开发流程。

本章中讲解的“开发流程”，是指使用了 Git 与 GitHub 的团队开发所涉及的规则及步骤。接下来的部分我们将会讲解 2 种开发流程，每个流程都有各自不同的特征。在实际开发中究竟要采用哪一种，需要根据现场团队的情况来决定。

对于不熟悉 Git 和 GitHub 的团队，推荐以本书为参考来制定开发规则及步骤的草案。

9.1　团队使用 GitHub 时的注意事项

在详细讲解使用 Git 与 GitHub 的开发流程之前，我们先来看一看由软件开发者们组成的团队要想最大限度地发挥出他们的能力需要具备哪些前提条件。

● 一切从简

面向企业发售的开发者工具或协作工具往往拥有十分丰富的功能。某些企业为使用这些丰富功能，会专门为其制定软件开发规则。然而不妨反思一下，我们所处的开发现场真的需要这么多功能和规则吗？

GitHub 的各项功能都非常简单，就是因为在实际的软件开发中，往往用不到那些复杂度极高的功能。

●……项目管理工具与 GitHub 的区别

比如图 9.1 所示的著名开源项目管理工具 Redmine 的新建问题页，从繁多的可输入项目中我们就可以看出其功能的丰富程度。而且 Redmine 还有众多插件，可以为其进一步添加功能。然而 GitHub 的 New Issue 页却如图 9.2 所示，非常简单。

图 9.1 Redmine 的新建问题页

图 9.2 GitHub 的 New Issue 页

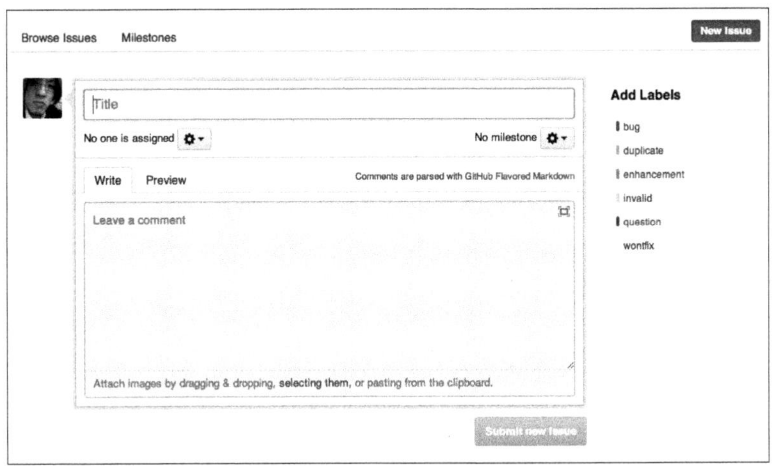

为什么会有如此差距呢？

●……… 项目管理工具与 GitHub 相异的原因

Redmine 等项目管理工具是以管理项目为目的的，势必要考虑管理人员会输入哪些信息，以及需要提醒管理人员输入哪些信息，所以会拥有众多可输入项目。

而 GitHub 是一款为软件开发者提供支持的工具，与项目管理工具相比，它更注重辅助开发者高速开发高品质软件。要知道，往往事物越是简单，人们实施起来就越快。

在这里，笔者要向准备使用 GitHub 的各位开发者提个建议。GitHub 本身相较于各位正在使用的项目管理工具确实会有功能方面的不足。但是，先不要急着用其他工具来强行弥补，不妨试着大胆放弃这些功能。

GitHub 的这些简单功能，完全能够应对软件开发中的需要。想让团队最大限度发挥实力，建议剔除复杂规则，只以最简单的规则进行开发。

● 不 Fork 仓库的方法

已经将 GitHub 利用到开源软件开发中的读者们想必会以下面的流程进行 Pull Request。

❶ 在 GitHub 上进行 Fork

❷ 将❶的仓库 clone 至本地开发环境

❸ 在本地环境中创建特性分支

❹ 对特性分支进行代码修改并进行提交

❺ 将特性分支 push 到❶的仓库中

❻ 在 GitHub 上对 Fork 来源仓库发送 Pull Request

在无法给不特定的多数人赋予提交权限的公开软件开发中，这种流程能够防止仓库收到计划之外的提交。

然而在公司企业的开发中，开发者每天都要见面，要经常互相发送 Pull Request，这种流程就显得有些繁琐了。因此，下面我们要介绍一个不需要 Fork 仓库的工作流程。这种方法可以让每一名开发者都掌握着一个本地仓库和一个远程仓库，使整个开发流程变得简单（图 9.3）。

图 9.3 不进行 Fork 的开发流程

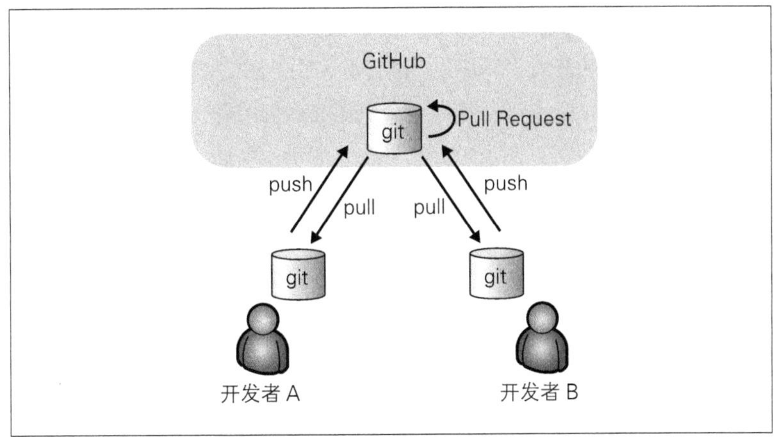

9.2 GitHub Flow——以部署为中心的开发模式

下面我们为各位讲解 GitHub 公司正在实践的一个十分简单的开发流程（图 9.4）[①]。

图 9.4 GitHub Flow 的概要

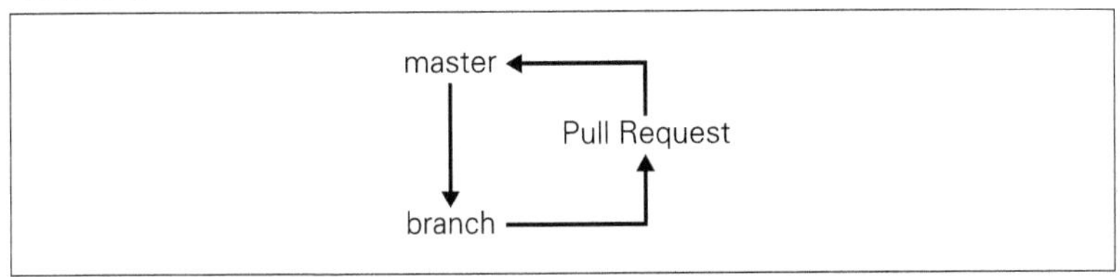

这是一个以部署[②]为中心的开发流程。在实际开发中往往 1 天之内会实施几十次部署，而支撑这一切的，就是足够简单的开发流程以及完全的自动化。简单的开发流程能够让问题应对变得更加灵活。正在使用 GitHub 的各位，请务必尝试这一开发流程。

① http://zachholman.com/talk/how-github-uses-github-to-build-github/

② 即在正式环境中配置源代码并试运行。

正因为这一开发流程十分简单，所以无论大小团队都可以取得不错的效果。在 GitHub 公司，大致会让 15 至 20 人组成团队，利用这一流程进行同一项目的开发[1]。以笔者的经验，由 20 人左右的团队使用这个流程来共同开发一个项目，基本不会出现什么大问题。

9.3 GitHub Flow 的流程

整个开发流程大致如下。

❶ 令 master 分支时常保持可以部署的状态
❷ 进行新的作业时要从 master 分支创建新分支，新分支名称要具有描述性
❸ 在❷新建的本地仓库分支中进行提交
❹ 在 GitHub 端仓库创建同名分支，定期 push
❺ 需要帮助或反馈时创建 Pull Request，以 Pull Request 进行交流
❻ 让其他开发者进行审查，确认作业完成后与 master 分支合并
❼ 与 master 分支合并后立刻部署

以上便是这一流程的全部内容。由于流程中基本只需为特定作业创建特定分支，从开始作业到进行部署之间的过程十分简单，可以降低开发者学习开发流程的成本。而且正由于其简单，所以大量开发者可以迅速将其利用到开发之中，并且可以借助它来灵活处理一些细微的代码变更。

下面我们按顺序一步步进行讲解。

● 随时部署，没有发布的概念

这个流程必须遵守“令 master 分支随时保持可以部署的状态”这一规则。每隔几小时进行一次部署，可以有效防止同时出现多个严重 BUG。

---

① http://scottchacon.com/2011/08/31/github-flow.html

虽然有时仍会有一些小 BUG 出现，但只要将相应的提交 revert 或者提交修正过的代码即可轻松应对。这一流程要以小时甚至分钟为单位持续地进行部署，所以不存在发布的概念。因此，不会出现让 HEAD 返回去指向很久之前的提交[①]，借以取消整个作业内容的情况。

由于 master 分支时常保持着可以部署的状态，所以开发者可以随时创建新的分支。

要注意，没有进行过测试或者测试未通过的代码绝不可以合并到 master 分支。因此势必要用到持续集成等手段。

● 进行新的作业时要从 master 分支创建新分支

进行新的作业时要从 master 分支创建新分支，无论是添加新功能还是修复 BUG 都是如此。此外，新分支的名称要具有描述性。

所谓具有描述性的名称，是指该名称能直观正确地表达这个分支的特性，比如以下几种。

- user-content-cache-key
- submodules-init-task
- redis2-transition

其他开发者可以通过这些名字清楚地了解到该分支正在进行什么工作。

采用这一方式，开发者在查看远程仓库的分支列表时，能够对当前团队正在实施的任务一目了然。另外，由于分支名明确描述了工作内容，即便开发者需要先去做其他工作，回来时也能很快想起该分支的工作目标。

查看 GitHub 的分支列表页面[②]还可以轻松掌握各分支与 master 分支的差别。

---

① 相当于 Git 的 git reset 命令。

② https://github.com/用户名/仓库名/branches

● 在新创建的分支中进行提交

在前面的步骤中，开发者为了进行新的更改而创建了新分支，并且明确了在这个分支中应该做哪些工作。接下来就可以在这个分支中修改代码，并进行提交了。修改代码时要注意，绝对不能进行与该分支工作内容无关的修改。

在这一阶段，开发者要在提交的粒度上多花心思。有意识地减小提交的规模，一方面便于清楚地表达目的，另一方面有助于其他开发者对 Pull Request 进行审查。

比如在添加一个方法时，确认添加位置以及类之后，开发者往往还需要进行下面的操作。

- 修正附近代码的缩进问题
- 发现变量单词拼写错误并进行修正
- 添加本次作业中需要添加的方法

如果将上述工作在一次提交中完成，那么一个差别将包含 3 种含义，这种提交的粒度就有些不妥。如果将 3 个工作分为 3 次提交，那么每个差别就有了更清晰的含义。

在分支中修改代码与发送提交时只需注意以上几点，其余方面皆可按照往常的方式进行。

● 定期 push

在这一开发流程中，由于除了 master 分支之外都是作业中的分支，所以 push 作业分支时不需要有太多顾虑。在开发过程中，建议开发者定期将本地仓库中创建的分支以同名形式 push 到 GitHub 端的远程仓库。

这样一来不仅可以备份代码，还会定期给开发者团队创造交流的机会。其他开发者在做什么工作，是否需要帮助等，团队成员可以通过 GitHub 的分支列表页面一目了然。

在开发过程中，最好让其他开发者能够看到自己编写的代码，同时养成积极查看其他人代码的习惯。通过代码进行交流是开发者的特权，我们没有理由不去利用。

● 使用 Pull Request

Pull Request 不一定非要在与 master 分支合并时才使用。既然是团队开发，完全可以尽早创建 Pull Request 让其他开发者进行审查，一边听取反馈一边编写代码，没必要等到与 master 分支合并时再进行。

Pull Request 具有显示差别以及对单行代码插入评论的功能，开发者可以利用这些进行交流。另外，如果希望得到特定开发者的反馈或建议，可以在评论中加入“@ 用户名”，给该用户发送 Notifications。对方注意到之后，照例都会以某种形式进行反馈。

● 务必让其他开发者进行审查

一个分支的作业结束后，需要注明作业已完成，让其他开发者进行审查。找其他开发者看一看自己编写的代码，可以有效防止想当然的错误或者低级失误。审查时要选择没有参与编写的人，被指出有问题时，要积极进行修改。当然，这一切的大前提是该部分代码已经通过所有自动测试。

审查之后如果认为可以与 master 分支合并，则需要明确地告知对方。按照 GitHub 的文化，这里会用到“:+1:”或“:shipit:”等表情（图 9.5）。偶尔也会见到 LGTM 的字样，这是 Looks good to me 的简写。

征得多个人同意后，便可找个适当的时机让其他开发者将该分支与 master 分支进行合并。

● 合并后立刻部署

代码合并至 master 分支并且通过所有自动测试之后，需要立刻进行部署。在部署之后，需要确认刚刚合并的代码是否存在问题。

图 9.5　通过表情表达意见

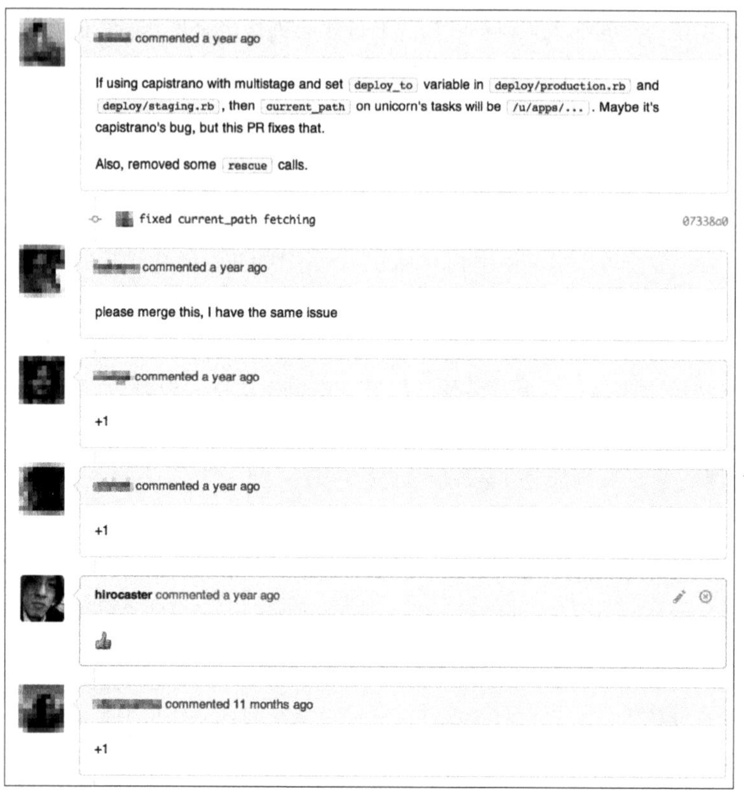

9.4　实践 GitHub Flow 的前提条件

至此，相信各位已经对这一开发流程有了大体印象。接下来我们需要考虑实践这一开发流程所需的前提条件。

● 部署作业完全自动化

首先，部署的相关作业必须实现自动化。这一开发流程在一天当中需要多次部署，以旧有开发模式按部署文档进行部署作业会浪费相当多的时间，同时还很可能发生操作失误，作为一名程序员，不应该每天为这些工作花费精力。

●……… 使用部署工具

于是，我们要使用 Capistrano 等部署工具，让部署时所需的一系列流程自动化。一旦实现自动化，部署工作就能够简化成一条指令，同时大幅减少粗心大意导致的人为失误，让所有参与开发的人都能够放心地实施部署工作。

另外，这类部署工具都有回滚功能。不小心部署了有问题的代码时，只需一条指令就可以将版本回滚至部署之前。为此，最好让所有参与开发的人都能进行回滚操作。

显而易见，只需将以往用来编写操作顺序手册和进行维护的时间拿出一点来编写部署工具的代码，就可以换来众多好处。

●……… 通过 Web 界面进行部署的工具

Capistrano 等部署工具需要使用命令行执行操作，开发者以外的人很难实施部署。而 Webistrano 和 Strano 等工具则提供了通过 Web 执行部署指令的界面，能够帮助团队成员解决这个问题。一个团队除了开发者以外，往往还包含美工或 HTML 编辑等人，在开发过程中，创建一个让团队所有相关人员都能放心部署的环境至关重要。表 9.1 中列出了几种具有代表性的部署工具。

表 9.1 具有代表性的部署工具

名称	URL	备注
Capistrano	https://github.com/capistrano/capistrano	Ruby 开发的代表性部署工具
Mina	https://github.com/nadarei/mina	Ruby 开发的部署工具
Fabric	http://fabfile.org/	Python 开发的部署工具
Cinnamon	https://github.com/kentaro/cinnamon	Perl 开发的部署工具
Webistrano※	https://github.com/kentaro/webistrano	可通过 Web 执行 Capistrano 的工具
Strano	https://github.com/joelmoss/strano	可通过 Web 执行 Capistrano 的工具，与 Webistrano 采用的中间件不同

※ 由于开发方已经停止开发，这里仅介绍 Fork 版。

●……… 导入开发时的注意事项

随着团队人数增多以及成熟度提高，开发速度会越来越快。这时往往一个部署尚未完成，另一名开发者就已经处理完下一个 Pull Request，开始实施下一个部署了。在这种情况下，一旦正式环境中出现问题，很难分辨是哪个部署造成的影响。为了应对这种情况，建议在部署实施过程中通过工具上锁，或者在实施部署时通知整个团队等，通过严格贯彻这类规则来消除隐患。

● 重视测试

●……… 让测试自动化

如果每次部署到正式环境前都需要在测试环境中手动进行测试，那这一开发流程也就无从谈起了。所以必须让测试自动化，令其自动检测是否有代码被意外破坏，以及是否出现 BUG。

●……… 编写测试代码，通过全部测试

每一名开发者都必须编写测试代码。成品代码的 Pull Request 中如果不包含测试代码，是不可以合并至 master 分支中的。只有包含测试代码并且通过了所有测试的成品代码才可以被合并至 master 分支。

开发者确认代码在本地环境中通过了所有测试后，将其 push 到远程仓库。随后 Jenkins 或 Travis CI 等 CI 工具会自动对其进行测试，测试结果由 CI 工具第一时间通知开发者。经过这一流程，系统能够自动检测出软件是否遭到破坏。我们在 8.6 节中已经详细讲解过如何构建与 GitHub 集成的 Jenkins 环境，各位可加以参考。

●……… 维护测试代码

要注意的是，测试代码必须时常进行维护，以保证能够在开发流程可承受的速度范围内完成所有测试。顺便一提，GitHub 公司可以在 200 秒内实施 14 000 个自动测试[①]。这么短的时间内完成如此多的测试项目，

---

① http://zachholman.com/posts/how-github-works/

效率实在惊人。

●●●●●●●●●

这一工作流程以部署为中心，通过简单的功能和规则，持续且高速安全地进行部署。至此相信各位都已经有了一定程度的理解。

不论是添加新功能还是修正小 BUG，全都通过同一流程进行。它的高效正源于它的简单。从结果上看，简单的构造让这一开发流程兼具了高速度与灵活性。

各位不妨也让自己的团队试着采用这一开发流程。

9.5 模拟体验 GitHub Flow

通过前面的讲解，各位对开发者实施 GitHub Flow 的步骤应该有了一个具体的了解。现在就让我们一起来结合 GitHub 上的交流体验这一流程。

现在假设各位是负责给某软件开发功能的开发者，并且所在团队正在实践 GitHub Flow。账户名为 ituring，仓库名为 fizzbuzz。我们即将讲解的软件已经公开了代码，请各位将其仓库 Fork 至自己的 GitHub 账户下，与我们一起动手尝试。

下面我们将“Fizzbuzz 问题”[①] 作为编程的题材。

● Fizzbuzz 的说明

假设我们的团队已经开发了一款名叫 Fizzbuzz 的软件。

这一软件在输出 1 至 100 的数字时会如下显示。

- 3 的倍数时显示 fizz
- 5 的倍数时显示 buzz
- 3 与 5 的公倍数时显示 fizzbuzz
- 除上述情况外直接显示数字

① http://en.wikipedia.org/wiki/Fizz_buzz

就是这样一个简单的软件。

```
$ ruby exec.rb
1
2
fizz
4
buzz
fizz
7
8
fizz
buzz
11
fizz
13
14
fizzbuzz
省略
```

现在就来讲解我们作为这个软件开发团队的一员，实践 GitHub Flow 时的情景。

● 添加新功能

现在我们被分配了新工作，那就是添加下面这个新功能。

- 含有 7 的数字时显示 GitHub

看起来应该很简单，我们这就动手吧。

● 创建新的分支

在 GitHub Flow 中，无论是实现新功能还是修正 BUG，都需要从能正常运行的最新 master 分支中新建一个分支。所有实际修改都在这个新建的分支中进行。

●……… 如果尚未 clone 仓库

首先需要 Fork 已经公开的仓库[①]。如果尚未获取仓库，则需要使用

① https://github.com/ituring/fizzbuzz

下面的命令进行 clone。各位请将仓库路径替换为自己的对应路径。

```
$ git clone git@github.com:ituring/fizzbuzz.git
Cloning into 'fizzbuzz'...
remote: Counting objects: 18, done.
remote: Compressing objects: 100% (12/12), done.
remote: Total 18 (delta 2), reused 17 (delta 1)
Receiving objects: 100% (18/18), done.
Resolving deltas: 100% (2/2), done.
$ cd fizzbuzz
```

在 fizzbuzz 目录下新建了一个仓库，这个仓库与远程仓库拥有相同状态。

●……… 如果之前 clone 过仓库

假设本地已经有之前 clone 来的仓库，现在正在开发途中并不需要重新 clone，那么我们应该将 master 分支更新成远程仓库最新 master 分支的状态。流程很简单，只需切换到本地仓库的 master 分支，然后将远程仓库的 master 分支 pull 到本地即可。

```
$ git checkout master
Switched to branch 'master'

$ git pull
First, rewinding head to replay your work on top of it...
Fast-forwarded master to 51412d2d518af30deaa8fd5e6469c9376ee1f447.
```

通过以上操作，我们手头就有了最新状态的 master 分支。

●……… 创建特性分支

现在我们已经完成了从 master 分支创建新分支的所有准备工作。我们将新分支的名字定为 7-case-output-github。

在 master 分支中使用下述命令创建新分支，并切换到新分支。

```
$ git checkout -b 7-case-output-github
Switched to a new branch '7-case-output-github'
```

为方便团队其他人通过分支名称知道我们在做什么，我们在 GitHub 端的远程仓库中创建一个同名分支。

```
$ git push -u origin 7-case-output-github
Total 0 (delta 0), reused 0 (delta 0)
To git@github.com:ituring/fizzbuzz.git
 * [new branch]      7-case-output-github -> 7-case-output-github
Branch 7-case-output-github set up to track remote branch 7-case-output
-github from origin.
```

创建分支大概就是这个步骤。今后我们可以每当工作告一段落时，定期将这个特性分支 push 到远程仓库。

● 实现新功能

现在我们来实现新功能——含有数字 7 时显示 GitHub。原本的代码（fizzbuzz.rb）如下，

```
class Fizzbuzz
  def calculate number
    if number % 3 == 0 && number % 5 == 0
      'fizzbuzz'
    elsif number % 3 == 0
      'fizz'
    elsif number % 5 == 0
      'buzz'
    else
      number
    end
  end
end
```

现在我们添加含有数字 7 时的代码，diff 如下。

```
@@ -6,6 +6,8 @@ class Fizzbuzz
       'fizz'
     elsif number % 5 == 0
       'buzz'
+      elsif number.to_s.include? '7'
+       'GitHub'
     else
       number
     end
```

我们试着执行一下，结果运行正常。

```
$ ruby exec.rb
1
2
```

```
fizz
4
buzz
fizz
GitHub
8
fizz
buzz
11
fizz
13
14
fizzbuzz
16
GitHub
```

提交本次实现的内容。

```
$ git commit -am "Add output GitHub"
[7-case-output-github 676c64d] Add output GitHub
 1 file changed, 2 insertions(+)
```

新功能已经顺利实现，现在将其 push 到远程仓库。

```
$ git push
Counting objects: 7, done.
Delta compression using up to 8 threads.
Compressing objects: 100% (3/3), done.
Writing objects: 100% (4/4), 385 bytes, done.
Total 4 (delta 2), reused 0 (delta 0)
To git@github.com:ituring/fizzbuzz.git
   ca9ebf6..676c64d  7-case-output-github -> 7-case-output-github
```

GitHub 端远程仓库中的分支应该已经被更新。我们打开 GitHub 的分支列表页面，能看到该远程分支与 master 分支的差别（图 9.6）。点击之后可以查看差别的详细内容。

图 9.6　分支列表页面

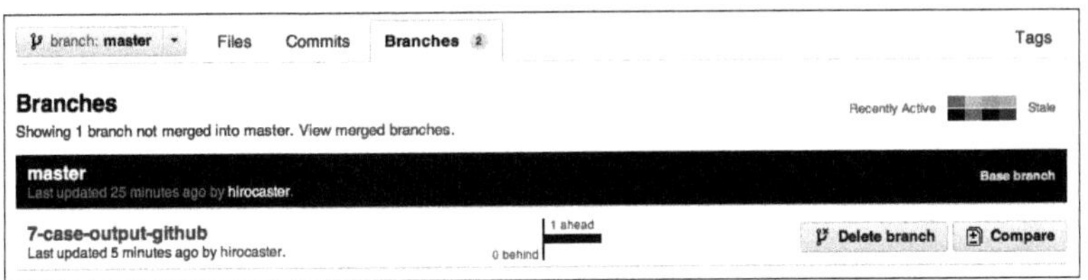

● 创建 Pull Request

至此，我们已经顺利实现了新功能，接下来就是从 7-case-output-github 分支创建一个 Pull Request 发送给 master 分支，请求与 master 合并（图 9.7）[①]。创建 Pull Request 的相关操作请参照第 6 章。

图 9.7 向 master 分支发送的 Pull Request

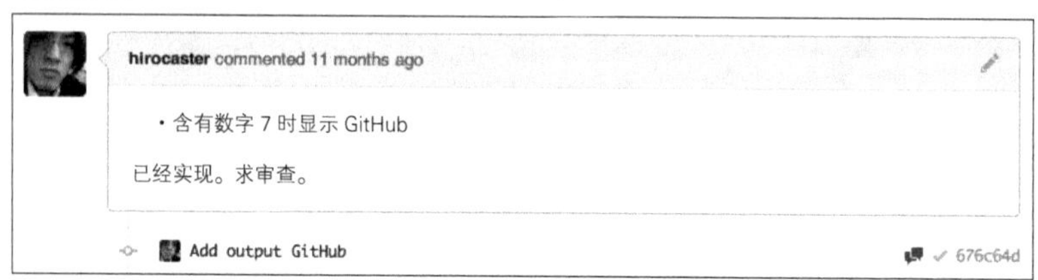

在 Pull Request 中写明希望得到审查。如果想让特定的人来进行审查，可以在评论中加入“@ 用户名”，这样该用户就会收到 Notifications。

现在我们已经创建并发送了 Pull Request，只需等待其他开发者的反馈即可。

● 接收反馈

距离发送 Pull Request 已经过了几个小时，我们再次登录 GitHub。此时已有其他开发者已经发来了反馈（图 9.8）。

对方为我们指出了 2 个问题。

- 缩进不正常
- 没有测试代码

点击“缩进好像不太对”所指的链接，我们可以看到如图 9.9 所示的页面，其中清楚地显示出评论所指代码的位置。确实与前面 elsif 的缩进没有对齐。

① Pull Request 在创建时会默认指向 Fork 来源的仓库，由于本书在获取示例仓库时进行了 Fork，所以这里我们需要更改目标仓库的路径。正式采用 GitHub Flow 的开发现场是不需要进行 Fork 操作的，所以在实际应用中不需要修改目标路径的操作。

图 9.8 其他开发者的反馈

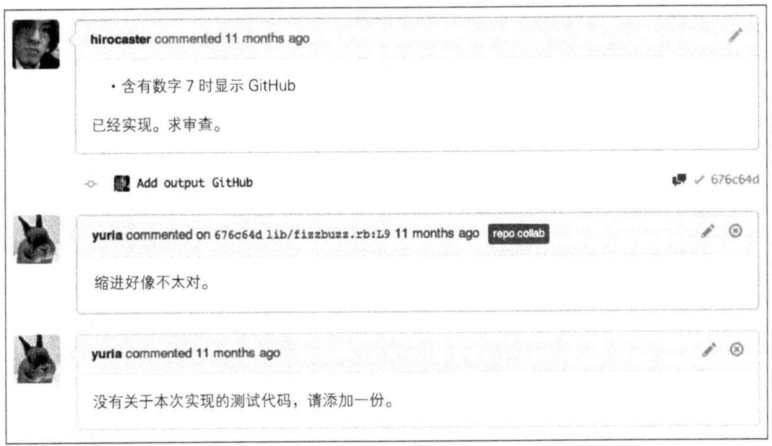

图 9.9 被评论代码所在的位置

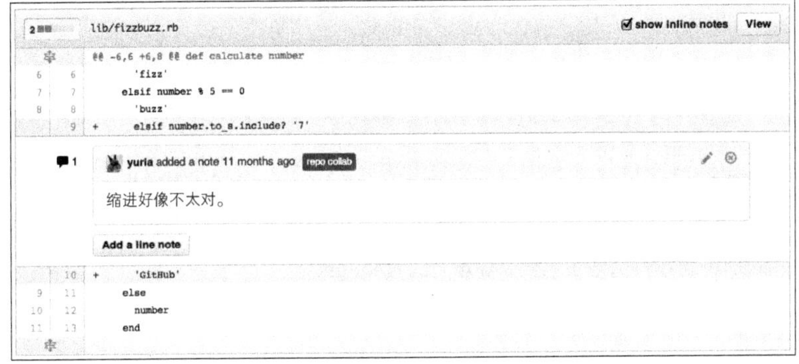

至于测试代码，我们确实在添加新功能时没有添加相应的测试代码，对方指出的问题确实存在。接下来，我们要着手处理这 2 个问题。

● 修正缩进

下面，我们来修正对方指出的代码缩进问题。修正后的 diff 如下所示。

```
@@ -6,7 +6,7 @@ class Fizzbuzz
      'fizz'
```

```
    elsif number % 5 == 0
      'buzz'
-     elsif number.to_s.include? '7'
+   elsif number.to_s.include? '7'
      'GitHub'
    else
      number
```

然后将修改提交至本地的 7-case-output-github 分支。

```
$ git commit -am "Fix indent"
[7-case-output-github f15fe2e] Fix indent
 1 file changed, 1 insertion(+), 1 deletion(-)
```

接下来将该分支 push 到 GitHub 端的远程仓库，为远程仓库分支添加这项修改。

```
$ git push
Counting objects: 7, done.
Delta compression using up to 8 threads.
Compressing objects: 100% (3/3), done.
Writing objects: 100% (4/4), 335 bytes, done.
Total 4 (delta 2), reused 0 (delta 0)
To git@github.com:github-book/fizzbuzz.git
   676c64d..f15fe2e  7-case-output-github -> 7-case-output-github
```

这时我们再打开 GitHub 查看 Pull Request，会发现这个用于修正的提交已经添加至 Pull Request（图 9.10）。

图 9.10 缩进的修正已经添加至 Pull Request

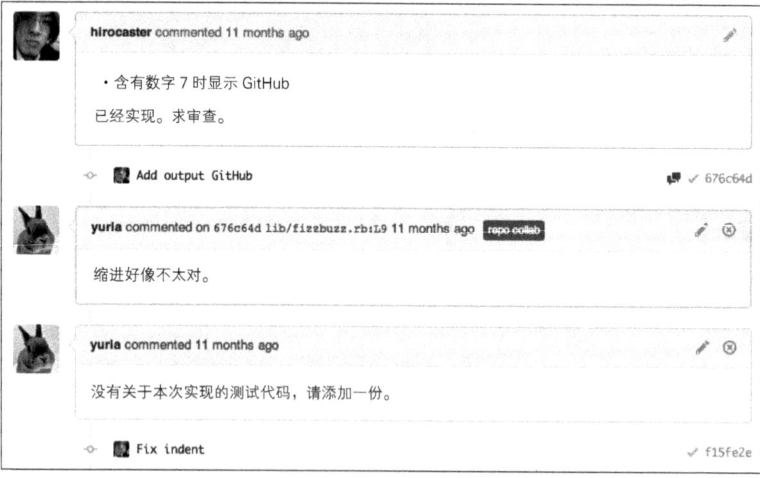

● 添加测试

在 GitHub Flow 中，不可以将没有测试代码的成品代码加入 master 分支。因此我们被其他开发者指出没有编写测试代码了。

一般来说应该是下面这样的顺序。

- 将 master 分支更新到最新状态
- 在自己的开发环境中确认通过所有测试
- 从 master 分支创建新分支
- 编写测试代码
- 编写实现目标功能的代码
- 确认通过所有测试并且没有出现退步（Regression）现象
- 发送 Pull Request 请求合并至 master 分支

也就是应该先编写目标功能的测试代码，以保证测试代码全部通过为基准编写功能代码。这个操作顺序能够极力减少出现 BUG 的可能，并且可以随时修改功能代码。由于本次我们直接编写了功能的功能代码，所以需要回过头来再为其添加一份测试代码。

根据已有的测试代码为本次实现的功能编写测试代码时，我们突然有了一个疑问。

例如 75 这个数字，它既是 3 的倍数也是 5 的倍数，按照旧功能会显示为 fizzbuzz，那么在添加新功能后它应该显示为 GitHub 吗？还是说应该显示成 fizzbuzzGitHub 这种组合形式呢？关于这种情况我们并没有接到说明，所以保险起见，我们通过 Pull Request 确认一下。

在 Pull Request 中写下如图 9.11 所示的评论。

不久，我们收到了其他开发者的反馈（图 9.12）。

按照反馈的指示，我们在 fizzbuzz_spec.rb 中添加测试代码。

图 9.11　通过评论询问规范

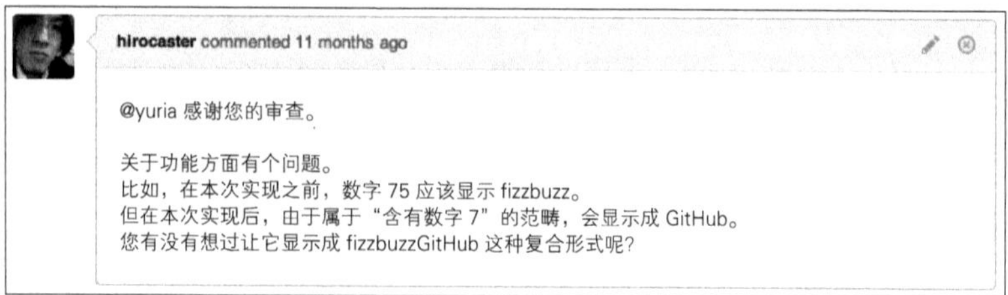
hirocaster commented 11 months ago
@yuria 感谢您的审查。
关于功能方面有个问题。
比如，在本次实现之前，数字 75 应该显示 fizzbuzz。
但在本次实现后，由于属于“含有数字 7”的范畴，会显示成 GitHub。
您有没有想过让它显示成 fizzbuzzGitHub 这种复合形式呢?

图 9.12　对规范相关问题的回答

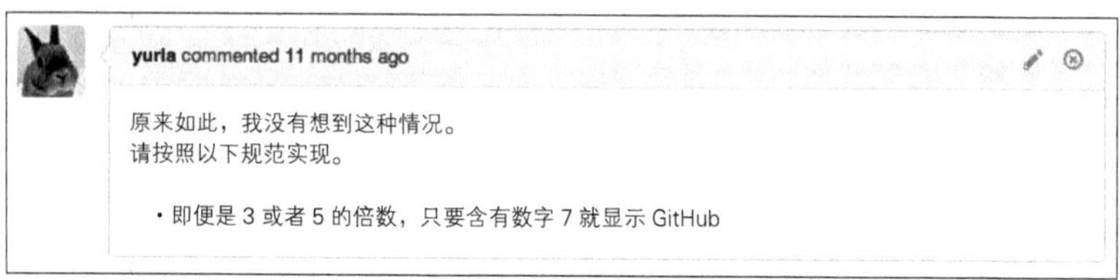
yuria commented 11 months ago
原来如此，我没有想到这种情况。
请按照以下规范实现。
• 即便是 3 或者 5 的倍数，只要含有数字 7 就显示 GitHub

```
context 'GitHub number' do
  it { subject.calculate(17).should eq 'GitHub' }
  it { subject.calculate(27).should eq 'GitHub' }
  it { subject.calculate(75).should eq 'GitHub' }
  it { subject.calculate(77).should eq 'GitHub' }
end
```

我们添加了具有以下意图的测试。

- 17 与 77 中包含 7，所以显示 GitHub
- 27 虽然是 3 的倍数，但仍然显示 GitHub
- 75 既是 3 的倍数也是 5 的倍数，但仍然显示 GitHub

然后执行测试。

```
$ rspec
..........FF.

Failures:

  1) Fizzbuzz GitHub number
     Failure/Error: it { subject.calculate(27).should eq 'GitHub' }

       expected: "GitHub"
            got: "fizz"
```

```
       (compared using ==)
     # ./spec/fizzbuzz_spec.rb:25:in `block (3 levels) in <top (required)>'

  2) Fizzbuzz GitHub number
     Failure/Error: it { subject.calculate(75).should eq 'GitHub' }

       expected: "GitHub"
            got: "fizzbuzz"

       (compared using ==)
     # ./spec/fizzbuzz_spec.rb:26:in `block (3 levels) in <top (required)>'

Finished in 0.00373 seconds
14 examples, 2 failures

Failed examples:

rspec ./spec/fizzbuzz_spec.rb:25 # Fizzbuzz GitHub number
rspec ./spec/fizzbuzz_spec.rb:26 # Fizzbuzz GitHub number
```

从上面我们可以看到，27 与 75 时并没有显示 GitHub，因此代码需要进行修正。修正后的差别如下。

```
@@ -1,13 +1,13 @@
 class Fizzbuzz
   def calculate number
-    if number % 3 == 0 && number % 5 == 0
+    if number.to_s.include? '7'
+      'GitHub'
+    elsif number % 3 == 0 && number % 5 == 0
       'fizzbuzz'
     elsif number % 3 == 0
       'fizz'
     elsif number % 5 == 0
       'buzz'
-    elsif number.to_s.include? '7'
-      'GitHub'
     else
       number
     end
```

我们将判定是否显示 GitHub 的语句换了个位置。这段代码理所当然地通过了所有测试。

```
$ rspec
..............

Finished in 0.00353 seconds
14 examples, 0 failures
```

至此，我们添加了测试代码，成品代码也能按照预期顺利执行了。

● 培育 Pull Request

为了将我们编写的新功能合并到 master 分支中，要进行提交并 push。

```
$ git commit -am "Fix output GitHub"
[7-case-output-github 5d1daae] Fix output GitHub
 2 files changed, 9 insertions(+), 3 deletions(-)

$ git push
Counting objects: 11, done.
Delta compression using up to 8 threads.
Compressing objects: 100% (4/4), done.
Writing objects: 100% (6/6), 531 bytes, done.
Total 6 (delta 3), reused 0 (delta 0)
To git@github.com:ituring/fizzbuzz.git
   f15fe2e..5d1daae  7-case-output-github -> 7-case-output-github
```

确认 Pull Request 没有问题之后，便可以通过评论请求与 master 合并了（图 9.13）。

这一系列反馈与代码更新的过程，我们称作培育 Pull Request。

图 9.13 在 Pull Request 中添加评论

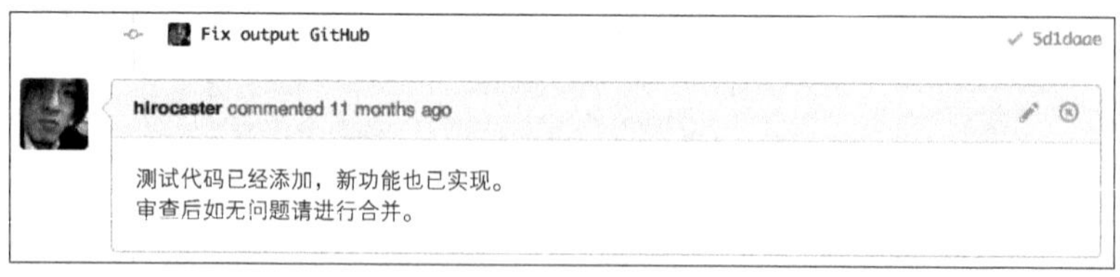

● Pull Request 被合并

随后，我们的代码通过了其他开发者的审查，被顺利合并至 master

分支（图 9.14）。

图 9.14 被合并至 master 分支后的情景

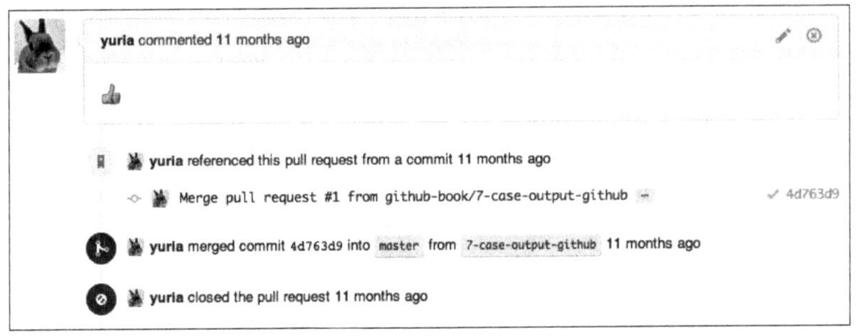

合并完成后，这个 master 分支将被立刻部署至正式环境[①]。

● ● ● ● ● ● ● ● ●

通过创建 Pull Request 获取反馈并逐渐培育 Pull Request 的过程想必各位已经有了初步的了解。在实际开发现场，会有更多开发者共同参与到这个交流过程中。

习惯了在 Pull Request 上进行交流后，我们将能更精确地表达出代码的意图，审查的效率也会越来越快。熟练运用 Pull Request 是这一开发流程成功的关键。

希望各位能将这一开发流程应用到自己的开发现场，以便更加灵活地使用 GitHub。

9.6 团队实践 GitHub Flow 时的几点建议

至此，相信各位已经清楚 GitHub Flow 需要以什么样的流程来实施。但是在开发现场实际采用这一流程时，还会遇到一些令人苦恼的问题。在这里，笔者将从自身经验出发，为各位介绍几个成功运用这一开发流程的窍门。

① 这一系列交流可以在 GitHub 上阅览。
https://github.com/ituring/fizzbuzz/pull/1

● 减小 Pull Request 的体积

很多团队在开发时，喜欢将一个功能放到一个分支中进行开发。这里各位不妨思考一下，这一个功能是不是还能继续细分？

比方说接下来的一个新功能我们预计要花 2 周来实现。试想一下，大约 2 周时间编写出来的代码，即便最后顺利进入 Pull Request 阶段，这个代码量也会给代码审查方带来非常重的负担。

开发时间越长或者代码量越大，代码审查时的成本就越高。过长的开发时间让审查者难以了解开发该功能时的背景，过大的代码量会让审查者难以阅读到代码的每个细节。这样一来 BUG 更容易出现，久而久之整个团队的代码审查都会漏洞频出。

在这种团队状态及环境下，要把经过漫长时间编写出来的代码突然部署到正式环境中，将会是一个让人畏手畏脚的高风险工作。其结果便是导致整个开发速度减缓。

与开发了 2 周的分支相比，只开发了 1 周的分支的代码量更少，审查者在理解代码时的成本也更小，相对而言能更快合入 master 分支。以此类推，花 3 天时间开发出的代码会怎样？花 1 天时间开发出的代码又会怎样？相信各位可以想象得出。

在刚刚采用这一开发流程，对整个流程还不是很习惯时，建议各位将目标功能细分，尽量缩小 Pull Request 的体积，保证每几小时至几天向 master 分支发送一次 Pull Request，通过多次合并来实现一个功能。这样一来不但能有一个很好的开发节奏，软件的成长过程也能够更加安全可靠。

所以各位在创建新的分支之前，不妨先对目标功能或内容进行讨论，看看是否能分割成几个更小的 Pull Request。

● 准备可供试运行的环境

不管我们写了多少测试代码，只要该分支中包含了对软件关键部分的修改，在将其部署到正式环境时都需要极大的勇气，而且这时还伴随着很高的风险。

于是，我们不妨创建一个与正式环境高度相似的预演（Staging）环境，在这个预演环境中部署关键修改，借以确认代码的实际运行状况。当然，向预演环境的部署也需要实现自动化。

如果分支中包含“对数据库进行了大幅修改”“实施了大规模重构”“对充值处理部分进行了大幅修改”这类对系统有重大影响的关键性修改，为安全起见最好先将其部署到预演环境中进行试运行。但要注意，不要把所有修改都拿到预演环境中进行试运行，免得画蛇添足。

近来的 Web 应用程序往往会先对部分用户（通常是 1%）进行部署，通过 Twitter 等 SNS 监控是否出现了重大影响。

如果出于不安总想把部署向后搁置，不如准备一个环境来消除不安，让代码可以迅速部署到正式环境中。

● 不要让 Pull Request 中有太多反馈

笔者在接到 Pull Request 时遇到过下面这种情况：代码存在多处问题，进行多次指正和修改后仍然无法达到与 master 分支合并的水准。出现这种情况大概有两个原因。

一是交流不足。如果创建 Pull Request 的理由没有获得认同，那就不要通过 Pull Request 进行讨论，而是应该选择其他手段进行交流。最好的解决途径是直接面谈。

另一个原因是技术或能力不足。如果代码经常被指出问题，那么不是编程能力方面有问题，就是团队编写代码时没有一个明确的规则。为避免在无用的讨论上浪费时间，团队应该制定一个最低限度的编程规则，并且告知每一名团队成员。如果在开发过程中还需要其他规则，可以将这些规则整合到 Wiki 中，便于阅览及修改。

如果在类的设计、方法的实现、变量的命名等方面频繁出现问题，不妨实施一些能提高开发者编码技术的措施，效果要远好于一遍遍反复指正。

- 结对编程
- 组织学习小组共享知识
- 共享可供参考的资料

不知各位的团队中是否实施了这些措施。在这些措施之中，结对编程收效最佳。

GitHub Flow 是以部署为中心的开发流程，所以要求团队中每一名开发者都能编写出高品质的代码，以便顺利通过审查，迅速完成从合并到部署的过程。因此需要锻炼开发者，保证每一名团队成员都能达到这一水平。

● 不要积攒 Pull Request

在以部署为中心的开发流程中，如果总有大量 Pull Request 处于等待审查或等待修正的状态，会导致长期无法部署，引发严重问题。

如果每一名开发者都在忙于实现各自的新功能，把所有精力都放在编写代码和创建 Pull Request 上，势必会忽视审查与反馈工作。时间一长，无法部署的 Pull Request 就会堆积如山。

为防止这一情况发生，建议团队制定一个新的规则：想创建 Pull Request 的人要先去对其他人的 Pull Request 进行审查及反馈，并在可以部署时及时部署。

这样一来，自己想创建 Pull Request 时必须先处理其他人的 Pull Request，就可以有效避免 Pull Request 堆积的情况发生。

9.7 GitHub Flow 的小结

笔者根据自身经验，提出了一些开发现场容易出现的问题。各位在开发的过程中必然还会遇到其他恼人的问题。对于这些问题，请遵循以下这两点去寻找解决方案。

- 开发流程以部署为中心
- 高速源于简单

只要不偏离这两点，各位一定能找到适合自己开发现场的解决方案。

9.8 Git Flow——以发布为中心的开发模式

荷兰程序员 Vincent Driessen 曾发表了一篇博客[①]，让一个分支策略广为人知，那就是 A successful Git branching model。这里我们将向各位介绍一个以它为基础，组合了 GitHub 的开发流程。

在这个开发流程中，每个分支都显示出代码的当前状态。流程中设置了负责管理软件发布 Release 的发布管理员，适用于以发布为中心的软件开发。

通过整体的流程图（图 9.15），我们不难看出该流程分支间的代码流向十分复杂。关于每部分的详细内容我们将在稍后进行讲解。

● 便于理解的标准流程

从软件开发者的角度观察这一开发流程时会发现，该流程用分支名表示标准软件开发中开发状态的迁移。

❶ 从开发版的分支（develop）创建工作分支（feature branches），进行功能的实现或修正

❷ 工作分支（feature branches）的修改结束后，与开发版的分支（develop）进行合并

❸ 重复上述❶和❷，不断实现功能直至可以发布

❹ 创建用于发布的分支（release branches），处理发布的各项工作

❺ 发布工作完成后与 master 分支合并，打上版本标签（Tag）进行发布

❻ 如果发布的软件出现 BUG，以打了标签的版本为基础进行修正（hotfixes）

---

① http://nvie.com/posts/a-successful-git-branching-model/

图 9.15　A successful Git branching model

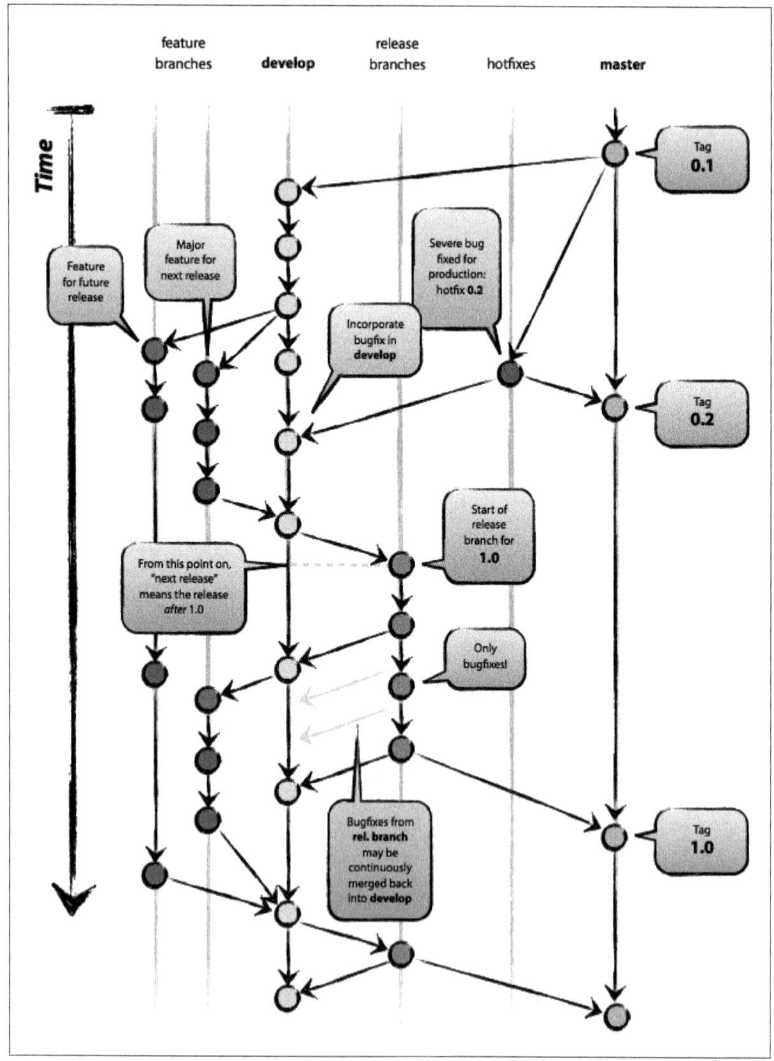

※ Vincent Driessen "A successful Git branching model-nvie.com"（http://nvie.com/posts/a-successful-git-branching-model/）

整个流程看上去应该比较好理解。这一流程最大的亮点在于考虑了紧急的 BUG 应对措施。

● 有时显得过于复杂

这个开发流程的问题在于需要记忆的分支状态很多，在实施之前必须对整个开发流程进行系统地学习。虽然团队成员可以通过我们即将讲到的 git-flow[①] 等工具得到辅助，但很多情况下，流程整体对于我们的实际开发现场来说仍然显得过于复杂。

在这个流程中，程序员必须理解自己正在进行的修改会对哪些分支产生影响。一个分支的工作结束后，有时需要与多个目标分支合并。这些是该流程中最为复杂的部分，需要团队谨慎处理。同时由于其复杂程度高，容易出现操作失误等人为错误。所以团队需要使用 git-flow 等工具进行辅助，时刻保证开发不偏离流程。

考虑到上述种种因素，各位的团队在采用这一开发流程之前必须进行系统学习，充分掌握其优势与劣势。下面，我们先为该流程的辅助工具构筑环境，再通过 Git 与 GitHub 的操作向各位进行详细讲解。

9.9 导入 Git Flow 前的准备

● 安装 git-flow

现在我们要安装 git-flow，各位请根据自己当前的环境进行安装。git-flow 是一款辅助 Git Flow 的工具，虽然不安装它也可以实施该开发流程，但那样一来所有工作都必须手动完成。为防止出现人为失误，这里还是建议各位安装这个工具。

●……… Mac 下的安装

如果已经安装了 Homebrew，可以用下面的命令轻松完成 git-flow 的安装。

```
$ brew install git-flow
```

① https://github.com/nvie/gitflow

如果安装了 MacPorts，则使用下面的命令。

```
$ sudo port install git-flow
```

●……… Linux 下的安装

Ubuntu 和 Debian GNU/Linux 等已经为用户准备好了相应软件包，可以用下面的命令直接安装。

```
$ sudo apt-get install git-flow
```

如果尚未导入包管理工具，可以用下面的方式安装。

```
$ wget --no-check-certificate -q -O - https://github.com/nvie/gitflow/r
aw/develop/contrib/gitflow-installer.sh | sudo bash 实际为1行
```

●……… 确认运行状况

如果能像下面例子中一样顺利运行 `git-flow`命令，就证明 git-flow 已经成功安装了。

```
$ git flow
usage: git flow <subcommand>

Available subcommands are:
   init      Initialize a new git repo with support for the branching model.
   feature   Manage your feature branches.
   release   Manage your release branches.
   hotfix    Manage your hotfix branches.
   support   Manage your support branches.
   version   Shows version information.
```

● 仓库的初始设置

为方便讲解这个流程，我们假设自己正在开发博客软件。

●……… 创建仓库

首先要在 GitHub 上新建一个 Git 仓库。我们创建了一个附带 README.md 文件的名为 blog 的仓库。紧接着我们来 clone 这个仓库。

本次示例中我们的账户名为 hirocaster，仓库名为 blog。

```
$ git clone git@github.com:hirocaster/blog.git
Cloning into 'blog'...
remote: Counting objects: 3, done.
remote: Total 3 (delta 0), reused 0 (delta 0)
Receiving objects: 100% (3/3), done.
Checking connectivity... done.
```

●……… 进行 git flow 的初始设置

下面我们为 git flow 进行初始设置。由于我们不打算更改默认值，所以在命令后附上 -d参数。执行以下命令后，仓库中会自动生成开发流程所需的分支。各位在执行 git clone后请务必记得执行一次这个命令。

```
$ cd blog
$ git flow init -d
Using default branch names.

Which branch should be used for bringing forth production releases?
   - master
Branch name for production releases: [master]
Branch name for "next release" development: [develop]

How to name your supporting branch prefixes?
Feature branches? [feature/]
Release branches? [release/]
Hotfix branches? [hotfix/]
Support branches? [support/]
Version tag prefix? []
```

查看已创建的分支。

```
$ git branch -a
* develop
  master
  remotes/origin/HEAD -> origin/master
  remotes/origin/master
```

可以看到 develop 分支已经创建完毕，现在我们已经切换到这一分支。

●……… 在远程仓库中也创建 develop 分支

目前我们在本地环境中拥有 master 和 develop 两个分支，但是 GitHub 端的远程仓库[①]中仍然只有 master 分支。所以我们进行 push 操作，在 GitHub 端的远程仓库中也创建一个 develop 分支。

```
$ git push -u origin develop
Total 0 (delta 0), reused 0 (delta 0)
To git@github.com:hirocaster/blog.git
 * [new branch]      develop -> develop
Branch develop set up to track remote branch develop from origin.

$ git branch -a
* develop  ←本地的develop分支
  master   ←本地的master分支
  remotes/origin/HEAD -> origin/master
  remotes/origin/develop  ←GitHub端的develop分支
  remotes/origin/master   ←GitHub端的master分支
```

现在 GitHub 端的仓库中也有了 develop 分支。

● ● ● ● ● ● ● ● ●

今后团队会以 GitHub 端的 develop 分支作为开发中的最新代码，包括我们在内的所有团队成员都要以这个分支为基础进行开发。

开发的基本操作流程很简单。我们先在本地仓库中对代码进行修改，然后 push 到 GitHub 端更新远程仓库，其他开发者再从 GitHub 端的远程仓库获取最新代码到本地进行开发。

开发者要时刻注意，对分支进行任何操作之前都必须先执行 pull 获取最新代码，修改完毕后应尽快进行 push 操作，保证 GitHub 端远程仓库内的代码为最新状态。

9.10　模拟体验 Git Flow

接下来，我们开始实践 Git Flow。

---

① GitHub 端的远程仓库为 remotes/origin

● master 分支与 develop 分支的区别

下面我们先给各位讲一讲 master 分支与 develop 分支的相关内容。在 Git Flow 中这两个分支至关重要，它们会贯彻整个流程始终，绝对不会被删除。

●……… master 分支

master 分支时常保持着软件可以正常运行的状态。由于要维持这一状态，所以不允许开发者直接对 master 分支的代码进行修改和提交。

其他分支的开发工作进展到可以发布的程度后，将会与 master 分支进行合并，而且这一合并只在发布成品时进行。发布时会附加包含版本编号的 Git 标签（Tag）。这部分的详细内容我们将在后面进行讲解。

●……… develop 分支

develop 分支是开发过程中的代码中心分支。与 master 分支一样，这个分支也不允许开发者直接进行修改和提交。

程序员要以 develop 分支为起点新建 feature 分支，在 feature 分支中进行新功能的开发或者代码的修正。也就是说，develop 分支维持着开发过程中的最新源代码，以便程序员创建 feature 分支进行自己的工作。

● 在 feature 中进行的工作

feature 分支以 develop 分支为起点，是开发者直接更改代码发送提交的分支。开发以下述流程进行。

❶ 从 develop 分支创建 feature 分支
❷ 在 feature 分支中实现目标功能
❸ 通过 GitHub 向 develop 分支发送 Pull Request
❹ 接受其他开发者审查后，将 Pull Request 合并至 develop 分支

与 develop 分支合并后，已经完成工作的 feature 分支就失去了作

用，可以在适当的时候删除。

为方便进行具体讲解，现在假设我们要给软件实现一个添加用户的功能。

●……… 创建分支

上面我们提到过 develop 分支是 feature 分支的起点，所以我们要从最新状态的 develop 分支新建一个 feature 分支，在这个分支中实现添加用户的功能。这里我们将分支名定为 add-user。

首先要将 develop 分支更新至最新状态。我们从 GitHub 的远程仓库进行 pull 操作。这一操作要在 develop 分支下进行。

```
$ git pull
Already up-to-date.
```

由于我们本地的 develop 分支已经是 GitHub 端远程分支的最新状态，所以执行 git pull 命令后没有任何变化。如果远程分支被其他开发者更新过，那么我们的本地 develop 分支将会通过这一操作获取到最新代码。

创建 feature 分支 add-user，用来实现添加用户的功能。

```
$ git flow feature start add-user
Switched to a new branch 'feature/add-user'

Summary of actions:
- A new branch 'feature/add-user' was created, based on 'develop'
- You are now on branch 'feature/add-user'

Now, start committing on your feature. When done, use:

     git flow feature finish add-user
```

我们已经创建并切换到了 feature/add-user 分支。保险起见，让我们来确认一下。

```
$ git branch
  develop
* feature/add-user
  master
```

结果显示我们处于 feature/add-user 分支下。现在的状态正如图 9.16 所示。

图 9.16 创建 feature 分支后的状态

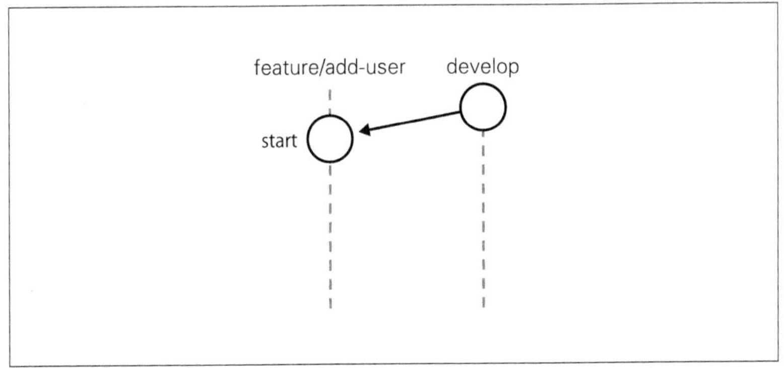

●……… 在分支中进行作业

接下来在刚刚创建的 feature/add-user 分支中实现目标功能并进行提交。实际编写代码以及提交的过程在此就不再赘述。进行几次提交后，就会呈现图 9.17 的状态。

图 9.17 提交后的状态

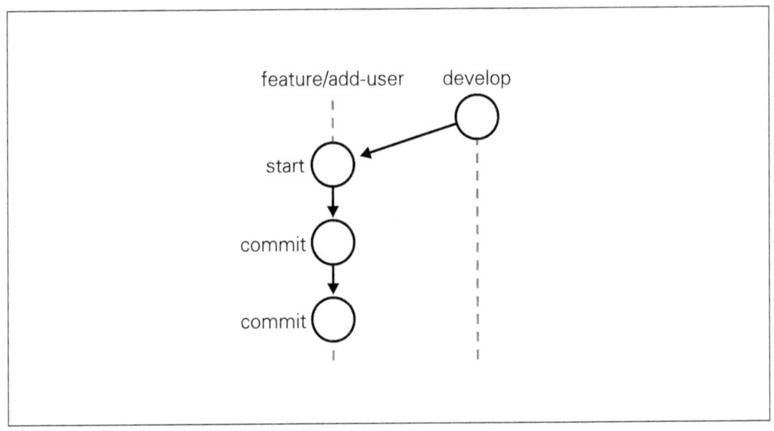

● 发送 Pull Request

功能实现之后，需要通过 GitHub 发送 Pull Request，请求 develop 分支合并 feature/add-user 分支的内容。请注意，这里不能与本地的 Git 仓库进行合并，而是要利用 GitHub 的 Pull Request 功能接受代码审查，然后再合并到远程仓库的分支中。这样可以让其他开发者看到我们的代码，从而指出其中的问题。如果在设计上有不同意见还可以进行讨论，以便写出更高品质的代码。通过这些措施，可以有效提高代码质量。

首先我们将 feature/add-user 分支 push 到 GitHub 端远程仓库。

```
$ git push origin feature/add-user
Counting objects: 6, done.
Delta compression using up to 8 threads.
Compressing objects: 100% (4/4), done.
Writing objects: 100% (5/5), 452 bytes | 0 bytes/s, done.
Total 5 (delta 1), reused 0 (delta 0)
To git@github.com:hirocaster/blog.git
 * [new branch]      feature/add-user -> feature/add-user
```

如果是与其他开发者共同开发同一个 feature 分支，那么远程仓库的 add-user 分支可能已经被更新，要记得通过 pull 操作获取 add-user 分支的最新代码。另外，在我们开发这个 feature 分支的过程中，develop 分支可能有了最新版本，所以要养成在 push 之前先获取最新 develop 分支的习惯。确保上述两点之后再进行 push。

现在打开 GitHub 的仓库页面，切换到 feature/add-user 分支（图 9.18）。

点击切换分支菜单左侧的绿色图标，进入查看差别的页面。先要确认一下页面中显示的是否为 develop 分支和 feature/add-user 分支。如果发现是 master 等其他分支，需要点击右侧的 Edit 按钮进行切换（图 9.19）。

确认页面中显示的对象为“develop...feature/add-user”后，点击 Click to create a pull request for this comparison。随后会出现录入 Pull Request 信息的页面，供我们发送 Pull Request。

图 9.18 显示 feature/add-user 分支

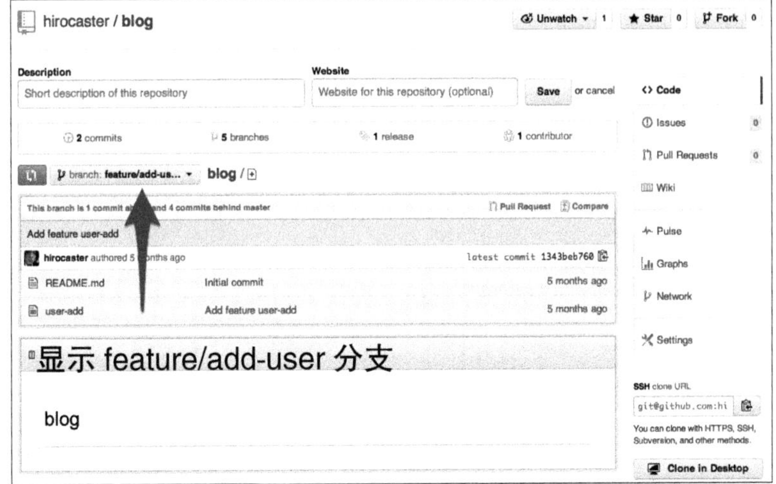

图 9.19 切换分支的按钮

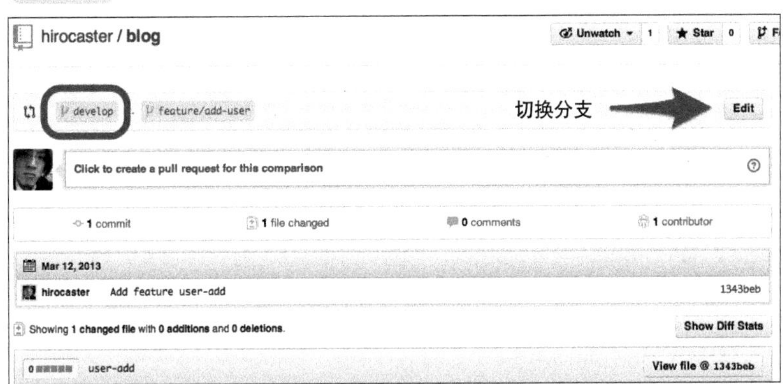

发送 Pull Request 之后，便是图 9.20 所示的状态。

● 通过代码审查提高代码质量

发送 Pull Request 之后，通过下列步骤利用 Pull Request 从其他开发者那里获取反馈，不断精炼代码。

❶ 由其他开发者进行代码审查，在 Pull Request 中提供反馈

图 9.20　发送 Pull Request 后分支的状态

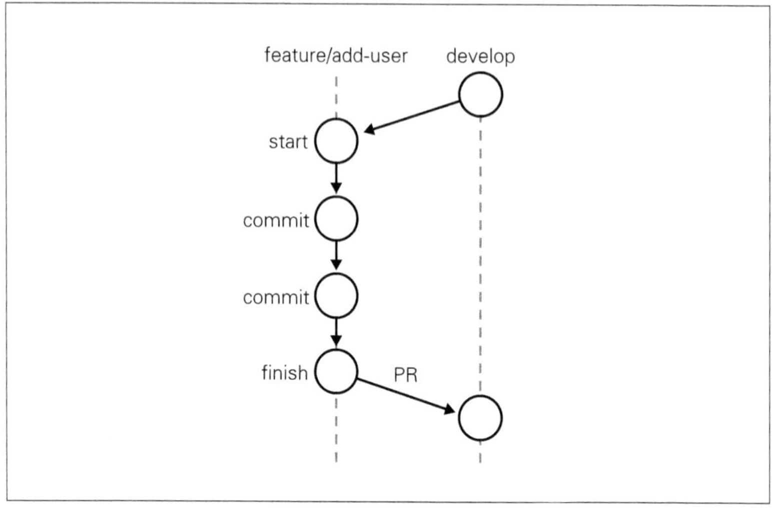

❷ 修正代码以反映反馈内容（在本地 feature/add-user 分支中）

❸ 将 feature/add-user 分支 push 到远程仓库（自动添加至之前的 Pull Request）

❹ 重复前三步

❺ 确认 Pull Request 没有问题后，由其他开发者将其合并至 develop 分支

下面是几个反馈的要点。

- 没有测试 or 测试未通过
- 违反编码规则
- 代码品质过低（命名不明确，方法冗长等）
- 还有重构的余地
- 有重复部分

如果发现代码品质仍有提高空间，建议先进行反馈，不要急着合并。

能否按照以上要点在代码审查中追求高品质，直接影响到一个团队编写代码的能力。经常在审查时敷衍了事随意合并，最后成品软件的质量不可能过硬。Pull Request 的反馈并不只属于发送 Pull Request 的人，它可以由整个团队共享，促进相互学习。另外，不特别限定 Pull Request 的代码审查者，让各个成员都主动进行审查，能够帮助团队维持高品质高效率的开发。

● 更新本地的 develop 分支

我们发送的 Pull Request 在 GitHub 端与 develop 合并后，为让其反映到本地的 develop 分支中，我们需要进行以下操作。

- 切换至 develop 分支
- 执行 git pull（fetch & merge）

这样一来，本地 develop 分支就从 GitHub 端仓库获取了最新状态。

```
$ git checkout develop
Switched to branch 'develop'

$ git pull
remote: Counting objects: 1, done.
remote: Total 1 (delta 0), reused 0 (delta 0)
Unpacking objects: 100% (1/1), done.
From github.com:hirocaster/blog
   ad139da..9299f28  develop    -> origin/develop
Updating ad139da..9299f28
Fast-forward
 add-user-1 | 0
 add-user-2 | 0
 2 files changed, 0 insertions(+), 0 deletions(-)
 create mode 100644 add-user-1
 create mode 100644 add-user-2
```

每当需要从 develop 分支创建 feature 等分支时，记得一定要先执行上述操作，保证 develop 分支处于最新状态。

在实际开发中，我们会不断重复之前这一系列流程，不断为 develop 分支添加功能。当功能积攒到足以发布时，就会用到 release 分支。

下面我们假设软件已经可以发布，将要使用 release 分支。

● 在 release 分支中进行的工作

现在假设我们已经通过 feature 分支为 develop 分支添加了数个功能，软件进入了发布阶段。在这一阶段，我们要实现所有要发布的功能，发送 Pull Request 并且与 develop 分支合并。

接下来给软件分配一个版本号进行发布。今后对这个版本的软件只做 BUG 修复，不再进行其他支持。如果发布所需的工作尚未全部完成，那么绝对不可以进入我们即将讲解的工作阶段。我们接下来要讲解的操作，都需要发布管理员负起责任认真执行。

专栏：设置默认分支

如果每次发送 Pull Request 时都要从 master 分支手动切换到 develop 分支，显然容易出现操作失误。对此，我们可以更改 GitHub 的仓库设置，指定 develop 分支为发送 Pull Request 时的默认分支，省去手动修改的麻烦。

在 GitHub 仓库的 Settings 页面可以找到图 a所示的 Default Branch 项目。只要将这里改为 develop，我们再通过浏览器访问仓库时就会默认显示 develop 分支，发送 Pull Request 时也会默认指向 develop 分支。

图 a　默认分支的设置页面

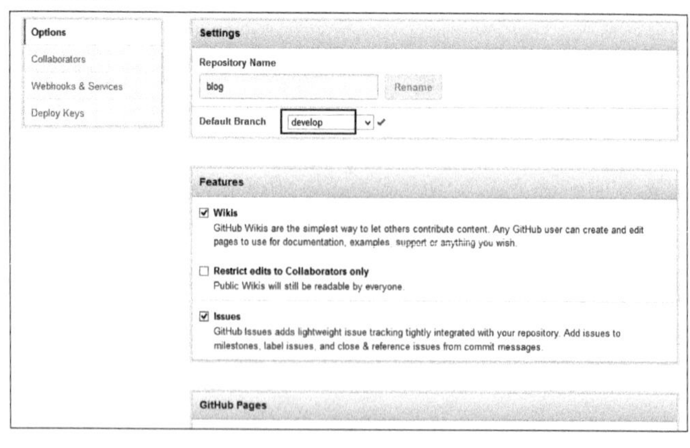

●········ 创建分支

我们从最新的 develop 分支着手，开始 1.0.0 版本的 release 工作。

```
切换至develop分支
$ git checkout develop
Switched to branch 'develop'

获取最新develop分支的代码
$ git pull
Already up-to-date.

开始release分支
$ git flow release start '1.0.0'
Switched to a new branch 'release/1.0.0'

Summary of actions:
- A new branch 'release/1.0.0' was created, based on 'develop'
- You are now on branch 'release/1.0.0'

Follow-up actions:
- Bump the version number now!
- Start committing last-minute fixes in preparing your release
- When done, run:

     git flow release finish '1.0.0'
```

release/1.0.0 分支已经成功创建，它就是这次的 release 分支（图 9.21）。

图 9.21 release 分支创建后的状态

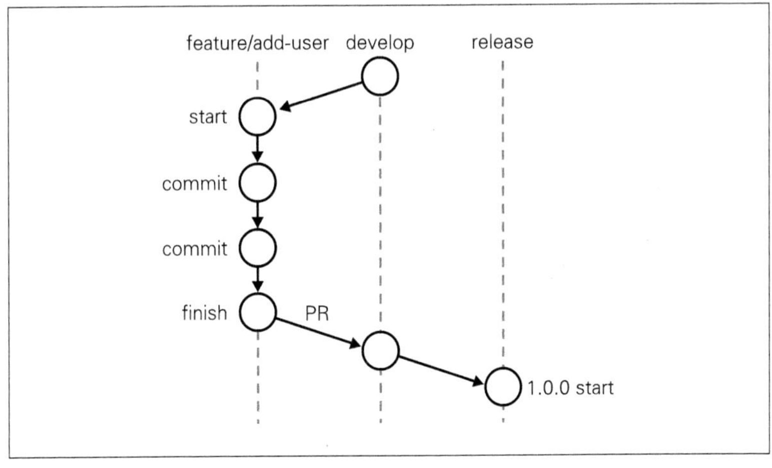

●……… 分支内的工作

在这个分支中，我们只处理与发布前准备相关的提交。比如版本编号变更等元数据的添加工作。如果软件部署到预演环境后经测试发现 BUG，相关的修正也要提交给这个分支。但要记住，该分支中绝对不可以包含需求变更或功能变更等重大修正。这一阶段的提交数应该限制到最低。

●……… 进行发布与合并

发布前的修正全部处理完后，我们结束这一分支。

```
$ git flow release finish '1.0.0'
```

当前状态如图 9.22 所示。

图 9.22 release finish 之后

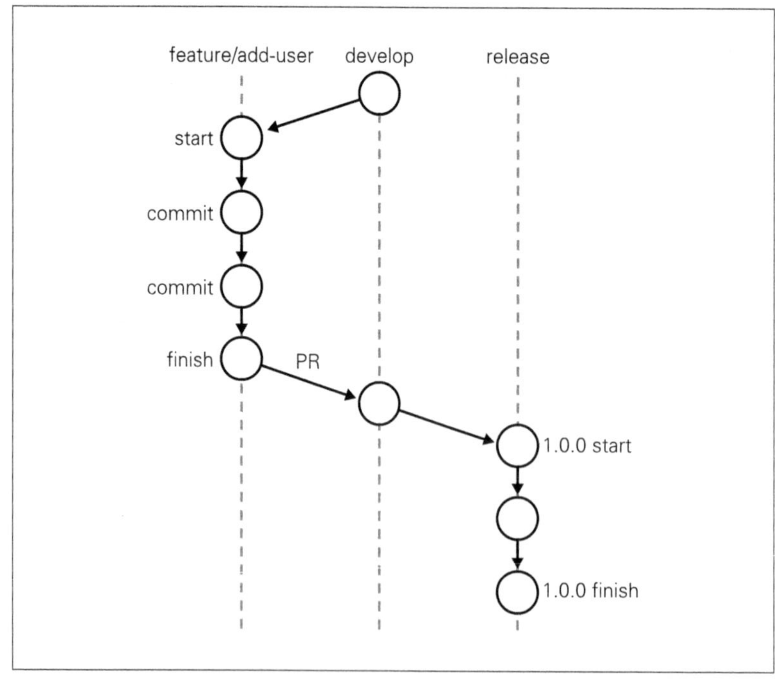

release 分支将合并至 master 分支。分支在合并时会询问提交信息，如果没有需要特别声明的事项，可以直接保持默认状态。

```
Merge branch 'release/1.0.0'

# Please enter a commit message to explain why this merge is necessary,
# especially if it merges an updated upstream into a topic branch.
#
# Lines starting with '#' will be ignored, and an empty message aborts
# the commit.
```

接下来，合并后的 master 分支会加入一个与版本号相同编号的标签。

```
Release 1.0.0
#
# Write a tag message
# Lines starting with '#' will be ignored.
#
```

在这里我们需要输入这一版本的相关提交信息。当前状态如图 9.23 所示。

图 9.23 master 分支添加标签后的状态

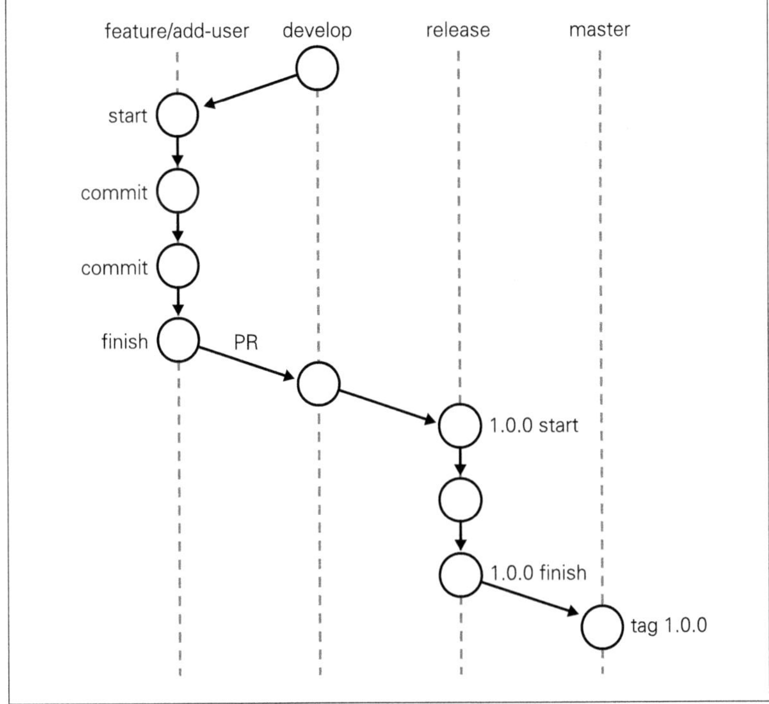

随后，将 release 分支的状态合并至 develop 分支。如果出现合并提交，则系统会询问提交信息。

```
Merge branch 'release/1.0.0' into develop

# Please enter a commit message to explain why this merge is necessary,
# especially if it merges an updated upstream into a topic branch.
#
# Lines starting with '#' will be ignored, and an empty message aborts
# the commit.
```

全部工作结束后，会显示如下字样。

```
$ git flow release finish '1.0.0'
Switched to branch 'master'
Your branch is ahead of 'origin/master' by 3 commits.
  (use "git push" to publish your local commits)
Merge made by the 'recursive' strategy.
 release | 0
 1 file changed, 0 insertions(+), 0 deletions(-)
 create mode 100644 release
Switched to branch 'develop'
Your branch is up-to-date with 'origin/develop'.
Merge made by the 'recursive' strategy.
 release | 0
 1 file changed, 0 insertions(+), 0 deletions(-)
 create mode 100644 release
Deleted branch release/1.0.0 (was 9a754a2).

Summary of actions:
- Latest objects have been fetched from 'origin'
- Release branch has been merged into 'master'
- The release was tagged '1.0.0'
- Release branch has been back-merged into 'develop'
- Release branch 'release/1.0.0' has been deleted
```

当前的状态如图 9.24 所示。

●……… 查看版本标签

通过前面一系列操作，我们创建了与发布版本号相同的 Git 标签。

```
$ git tag
1.0.0
```

今后如果遇到什么问题，只要指定这个标签，就可以将软件回溯到相应版本。

图 9.24 release 分支合并到 develop 分支后的状态

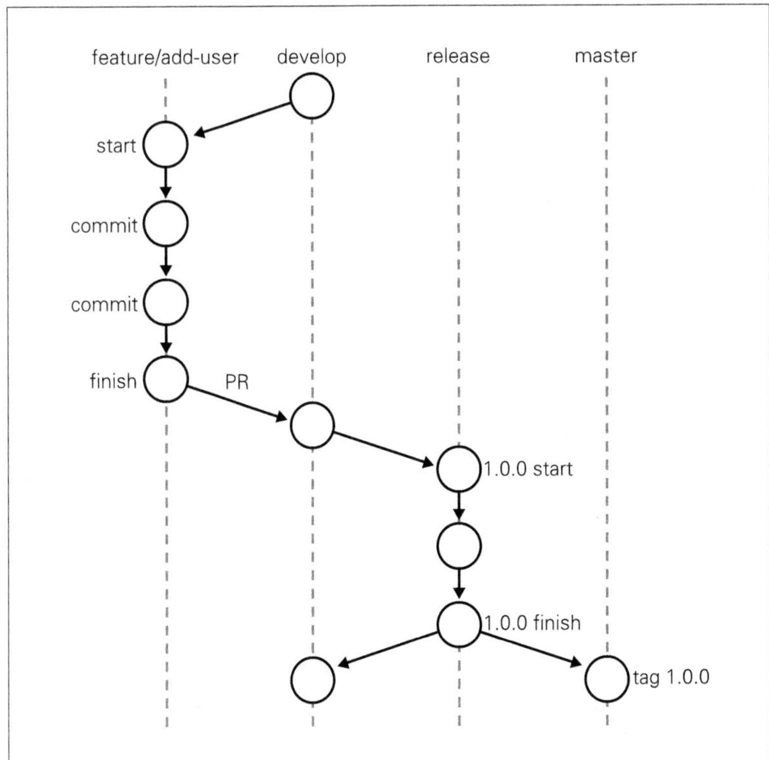

● 更新到远程仓库

至此我们对多个分支进行了修改，所以需要利用 push 操作将修改更新到 GitHub 端的远程仓库。我们先从 develop 分支开始。

```
$ git push origin develop
Counting objects: 5, done.
Delta compression using up to 8 threads.
Compressing objects: 100% (3/3), done.
Writing objects: 100% (3/3), 360 bytes | 0  bytes/s, done.
Total 3 (delta 2), reused 0 (delta 0)
To git@github.com:hirocaster/blog.git
   9299f28..c8add0a  develop -> develop
```

然后是 master 分支。

```
$ git checkout master
Switched to branch 'master'
Your branch is ahead of 'origin/master' by 5 commits.
  (use "git push" to publish your local commits)

$ git push origin master
Counting objects: 1, done.
Writing objects: 100% (1/1), 227 bytes | 0 bytes/s, done.
Total 1 (delta 0), reused 0 (delta 0)
To git@github.com:hirocaster/blog.git
   ad139da..5651cfd  master -> master
```

再 push 标签信息。

```
$ git push --tags
Counting objects: 1, done.
Writing objects: 100% (1/1), 163 bytes | 0 bytes/s, done.
Total 1 (delta 0), reused 0 (delta 0)
To git@github.com:hirocaster/blog.git
 * [new tag]         1.0.0 -> 1.0.0
```

版本号 1.0.0 的标签信息已经 push 完毕，现在只要发布 master 分支，整个发布工作就结束了。

● 在 hotfix 分支中进行的工作

hotfix 分支并不是预期中计划出现的分支。它是一个紧急应对措施，只有当前发布的版本中出现 BUG 或漏洞，而且其严重程度要求开发方必须立刻处理，无法等到下一个版本发布时，hotfix 分支才会被创建。

因此，hotfix 分支都是以发布版本的标签或 master 分支为起点。借助 hotfix 分支，可以在不影响 develop 分支正常开发的情况下，由其他开发者处理成品的修正工作。

图 9.25 是该分支迁移过程的示意图。

●……… 创建分支

遇到下述情况时需要创建 hotfix 分支进行应对。

- 最新的 1.0.0 版中发现了 BUG 或漏洞

- develop 分支正在开发新功能，无法面向用户进行发布
- 漏洞需要及早处理，无法等到下一次版本发布

图 9.25 hotfix 分支的迁移

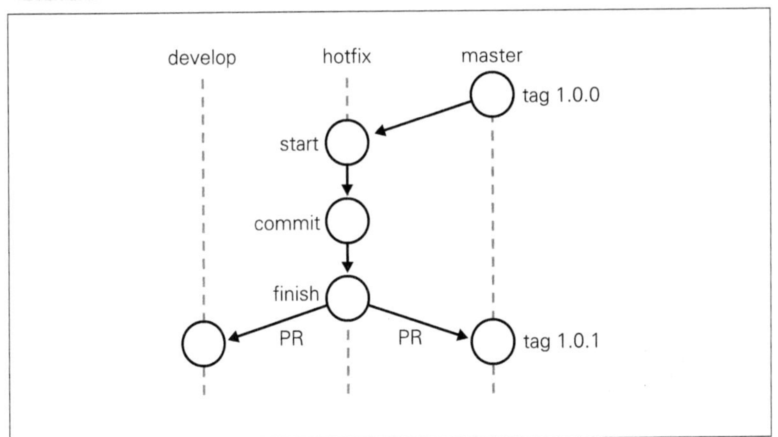

假设修复 BUG 后的版本升至 1.0.1。

如果本地仓库尚未从 GitHub 端远程仓库获取标签信息[①]，则需要先进行获取操作。当然，如果该标签就是由本地仓库创建，那么就不必进行该操作了。不过为了保险起见，还是建议各位将远程仓库的最新信息获取到本地，确认标签的版本编号是否有误。以下命令可以在任何分支中执行。

```
$ git fetch origin
remote: Counting objects: 1, done.
remote: Total 1 (delta 0), reused 1 (delta 0)
Unpacking objects: 100% (1/1), done.
From github.com:hirocaster/blog
 * [new tag]         1.0.0      -> 1.0.0
```

现在以 1.0.0 的标签信息为起点，创建名为 1.0.1 的 hotfix 分支。

```
$ git flow hotfix start '1.0.1' '1.0.0'
Switched to a new branch 'hotfix/1.0.1'


Summary of actions:
```

① 相当于本示例中 1.0.0 的信息

```
- A new branch 'hotfix/1.0.1' was created, based on '1.0.0'
- You are now on branch 'hotfix/1.0.1'

Follow-up actions:
- Bump the version number now!
- Start committing your hot fixes
- When done, run:

     git flow hotfix finish '1.0.1'
```

以 1.0.0 标签为起点成功创建了 hotfix/1.0.1 分支。我们在这个分支中修复软件的漏洞并进行提交。

修复等工作全部结束后，将 hotfix 分支 push 到 GitHub 端远程仓库，并向 master 分支发送 Pull Request。

```
$ git push origin hotfix/1.0.1
Counting objects: 4, done.
Delta compression using up to 8 threads.
Compressing objects: 100% (2/2), done.
Writing objects: 100% (2/2), 242 bytes | 0 bytes/s, done.
Total 2 (delta 1), reused 0 (delta 0)
To git@github.com:hirocaster/blog.git
 * [new branch]      hotfix/1.0.1 -> hotfix/1.0.1
```

●········ 创建标签和进行发布

假设我们发送的 Pull Request 经过了其他开发者的审查，并且已经与 master 分支合并。现在就该利用 GitHub 的功能创建 1.0.1 的标签了。

访问 GitHub 的仓库页面，从菜单中选择 release，打开该仓库的发布信息（图 9.26）。页面中显示了我们之前创建的 1.0.0 标签的相关信息（图 9.27）。我们可以在这个页面查看以及创建标签的相关信息。

图 9.26 显示发布信息

图 9.27 标签 1.0.0 的信息

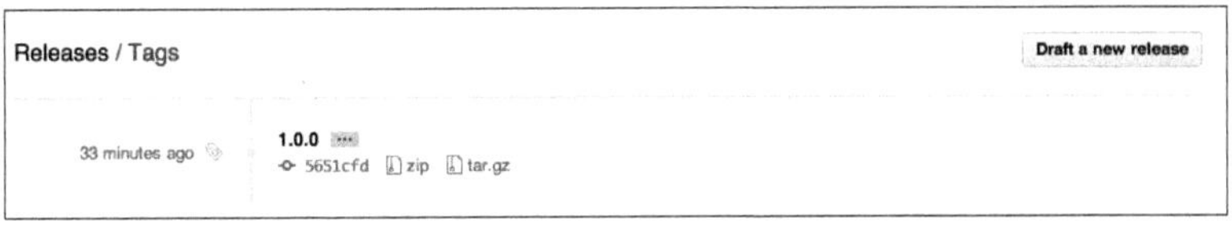

Releases / Tags

Draft a new release

33 minutes ago

1.0.0

5651cfd zip tar.gz

接下来我们要为本次 hotfix 创建 1.0.1 标签。先点击 Draft a new release 按钮，再输入标签的相关信息（图 9.28）。在 Tag version 中输入 1.0.1，在 Target 中指定 master 分支，此时的 master 分支已经合并了 hotfix 1.0.1 分支的修改。Release title 和 Describe this release 并不是必填项目，各位可以根据自身情况简明扼要地输入所需信息。最后点击 Publish release 便可完成创建标签的工作（图 9.29）。

图 9.28 创建 1.0.1 标签

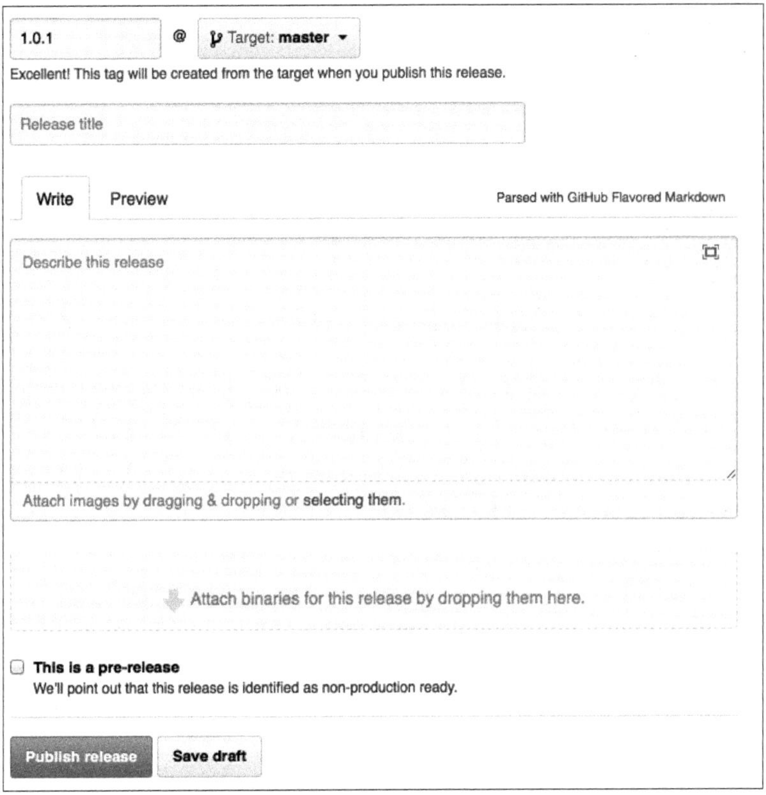

1.0.1 @ Target: master

Excellent! This tag will be created from the target when you publish this release.

Release title

Write Preview

Parsed with GitHub Flavored Markdown

Describe this release

Attach images by dragging & dropping or selecting them.

Attach binaries for this release by dropping them here.

This is a pre-release

We'll point out that this release is identified as non-production ready.

Publish release Save draft

图 9.29　1.0.1 创建后的状态

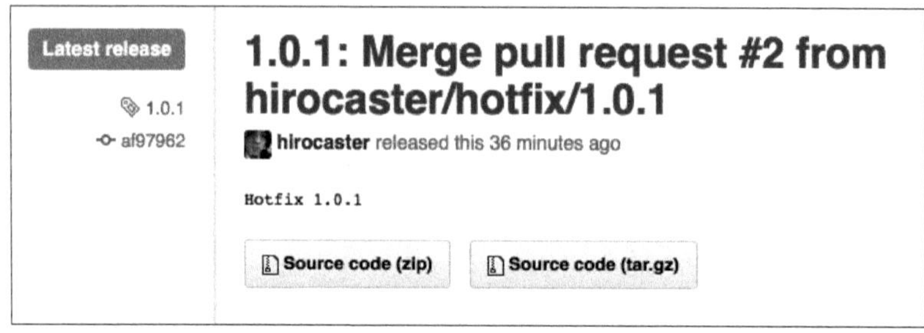

这个 1.0.1 版本发布后，之前发布的成品也就完成了生命周期。

现在我们让本地仓库再获取一次标签，确认 1.0.1 标签是否成功创建。

```
$ git fetch origin
remote: Counting objects: 1, done.
remote: Total 1 (delta 0), reused 0 (delta 0)
Unpacking objects: 100% (1/1), done.
From github.com:hirocaster/blog
  5651cfd..af97962  master     -> origin/master
 * [new tag]         1.0.1      -> 1.0.1

$ git tag
1.0.0
1.0.1
```

●……… 从 hotfix 分支合并至 develop 分支

至此我们虽然已经修正了已发布代码的问题，但是开发中的 develop 分支仍存在这些漏洞和 BUG。因此我们需要将 1.0.1 版的修改合并至 develop 分支。具体操作很简单，只需登录 GitHub，从 hotfix/1.0.1 分支向 develop 分支发送 Pull Request 即可。经过其他开发者的审查后，修改内容便会被合并到 develop 分支。

如果合并后 develop 分支出现了异常，切记不要在 hotfix/1.0.1 分支中进行修正。此时应该先完成 hotfix 分支与 develop 分支的合并工作，然后在 develop 分支中尽快修复相关问题。hotfix/1.0.1 只是针对 master 分支进行内容修改，如果再强行将 develop 分支考虑进去，很可能带来意料之外的 BUG。另外，如果成品软件中包含了本次 hotfix 以外的多余修改，将来这个版本再需要 hotfix 时，我们就不得不考虑更多更复杂的问题。因此，一定要保证 hotfix 分支只对 master 分支的内容进行最小限度的修改。

hotfix 分支与 master 分支和 develop 分支合并之后即完成了使命，可以被删除。

以上便是 hotfix 分支的使用方法。至此我们所讲解的分支迁移正如图 9.30 所示。

图 9.30　hotfix 分支被合并后的状态

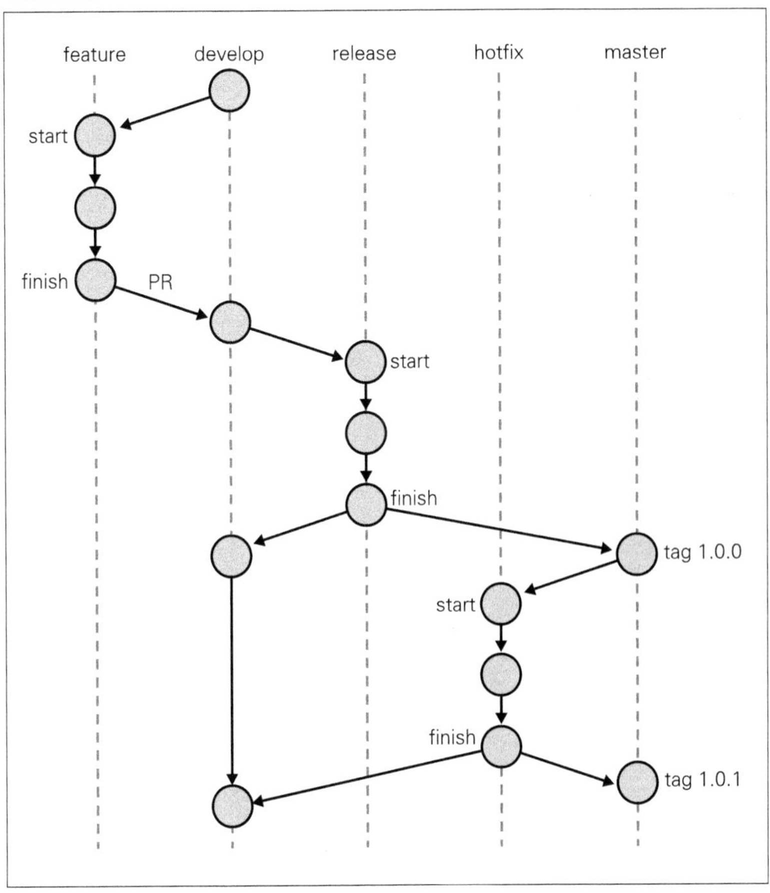

9.11　Git Flow 的小结

这一开发流程在软件开发世界中存在已久，并没有什么太新颖的地方。但也正因如此，它更容易为软件开发者所理解。

但是，由于在实际开发现场需要多人分工合作，这一开发流程往往会变得很复杂。建议各位把开发流程图[①]放大并张贴在墙壁上，这样能够有效帮助团队成员理解流程内容。

Column

专栏：版本号的分配规则

版本控制策略规定了软件版本号的分配规则，因此制定该策略时应当尽量简单易懂。

比如在用 x.y.z 格式进行版本管理时的规则如下所示。

- x 在重大功能变更或新版本不向下兼容时加 1，此时 y 与 z 的数字归 0
- y 在添加新功能或者删除已有功能时加 1，此时 z 的数字归 0
- z 只在进行内部修改后加 1

下面举个具体例子。

- 1.0.0：最初发布的版本
- 1.0.1：修正了轻微 BUG
- 1.0.2：修复漏洞
- 1.1.0：添加新功能
- 2.0.0：更新整体 UI 并添加新功能

这便是版本号的大致分配规则。

如果团队采用了 Git Flow，那么成员在交流的时候会经常用到版本号，因此版本控制策略越早制定越好。

① http://nvie.com/files/Git-branching-model.pdf

第10章

将GitHub应用到企业

本章中，我们将对企业等工作场所引入 GitHub 时的相关问题进行探讨。程序员应该将资源集中于编写优秀的软件上，GitHub 则是辅助这一过程的工具。因此，当今的软件开发企业理应积极引入 GitHub。本章将为各位讲解一些有用的信息，帮助各位在企业引入 GitHub。

10.1 将世界标准的开发环境引入企业现场

笔者认为，GitHub 已经称得上一种世界标准的开发环境。至少在开源世界，几乎所有的开源项目都在 GitHub 上公开过源代码。

另外，已经有相当多的企业开始使用 OSS。相信在各位读者之中，相当一部分人都与开源世界有着不可分割的关联。

● 企业引入 GitHub 的好处

打个比方，很多程序员在业余时间经常使用 GitHub，如果将 GitHub 引入公司，这些人就可以按照自己习惯的方式进行开发，不会产生多余的压力。同样，让新入行的程序员在企业中使用 GitHub，能使他们很快接触到开源开发世界，促使他们对 GitHub 上的众多软件项目产生兴趣。

软件行业人才流动性很强，一般情况下，程序员半途加入项目需要先熟悉企业内部软件、项目以及代码的相关信息，从加入到发挥作用往往需要 2～4 周时间。

然而，由于相当多程序员都在使用 GitHub，所以上述情况如果放在应用了 GitHub 的企业，很可能新员工进公司第一天就能开始编写代码并发送 Pull Request 了。要知道，GitHub 在全世界已经相当普及。

另外，GitHub 还能省去维护内部仓库服务器的成本，让程序员们能全神贯注地开发软件。

● 使用 Organization

企业导入 GitHub 时建议使用 Organization 账户[①]。利用这一功能，可以让开发者们使用同一控制面板，还能够创建团队并统一管理权限。另外这一账户还为企业提供了用户管理和支付等便捷功能。

费用与个人账户不同。具体情况请参考 GitHub 的 Organization Plans[②]。

● 确认 Github 的安全性

由于源代码相当于企业的财产，在企业中导入 GitHub 时势必会对信息安全体制有所顾虑。其实 GitHub 公司已经在网络上发布了安全保障的相关信息。

用户的数据不仅被严密保管在 GitHub 公司的数据中心，该公司还给客服人员制定了严格的操作规范及相关权限。详细内容请查阅官方网站[③]。

● 注意维护时间

GitHub 在一年内会有几次短时间的系统维护，国内的企业在这一点上需要加以注意。

GitHub 的维护时间选在美国的深夜，因为时差的关系国内会是白天。也就是说，那几天我们可能会在工作时间中无法访问 GitHub。

GitHub 方会在维护前发布系统广播，而且 Git 是分散型版本管理系统，服务器维护并不会导致项目开发彻底停滞。只是为了防止意外情况的发生，最好留意一下服务器维护的日期。

GitHub 的大规模系统维护公告发布在官方博客的 Broadcasts[④] 上。如图 10.1 所示，个人控制面板的右上方也会显示这个 Broadcasts。如果

---

① https://github.com/blog/674-introducing-organizations

② https://github.com/pricing

③ https://help.github.com/articles/github-security

④ https://github.com/blog/broadcasts

各位每天都使用 GitHub，那么基本不用担心漏看这一信息。

图 10.1 控制面板上的 Broadcasts

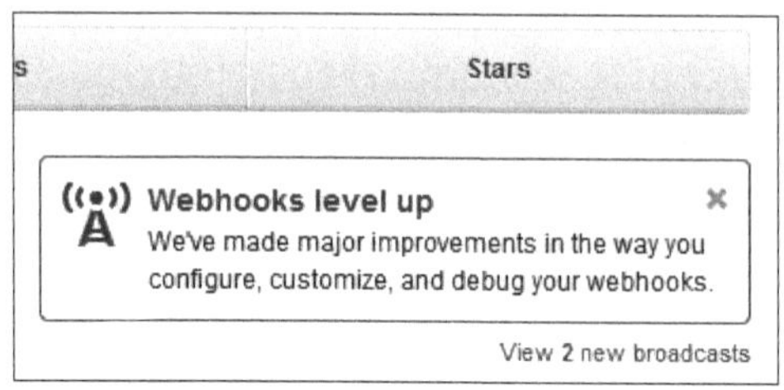

● 查看故障信息

GitHub 在官网上公开了故障信息（图 10.2）[①]。如果把一些细微故障算进去，GitHub 发生故障的频率还是相当高的。但是各位从故障信息记录中不难发现，其对故障的反应及处理也十分迅速。

图 10.2 已公开的故障信息日志

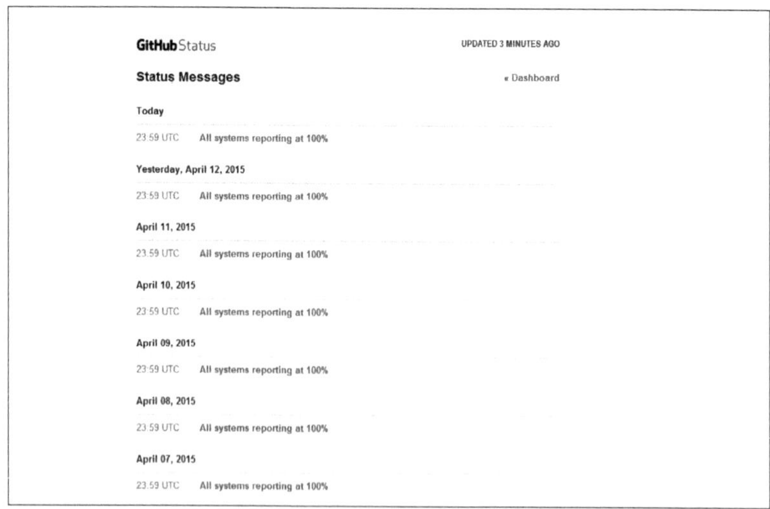

如果各位正在开发的软件需要在规定时间发布，建议事先构建一个 GitHub 之外的备用发布方案，以便在 GitHub 故障时能保证按时发布。

① https://status.github.com/messages

另外，GitHub 还在官网上以图表形式公开了特定时间段内各项服务的性能及正常运行率等信息（图 10.3）[①]。各位在使用服务时可以拿来做参考。

图 10.3 一个月内各服务的运行情况

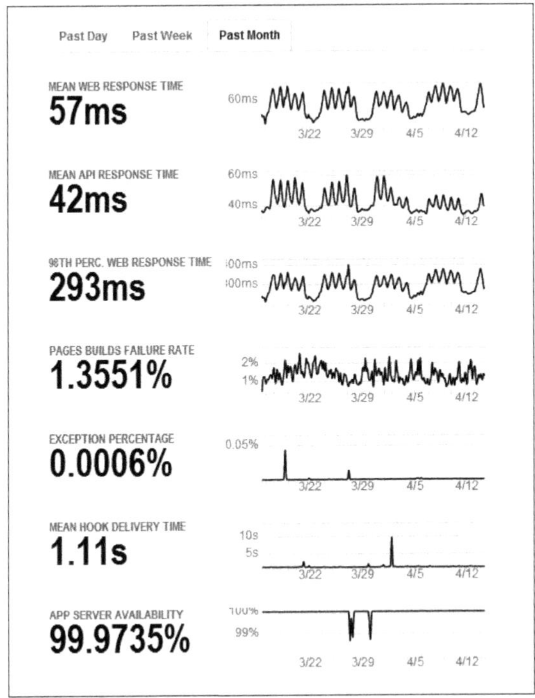

10.2 GitHub Enterprise

GitHub 公司为需要内部部署 GitHub 的企业准备了 GitHub Enterprise（GHE）[②]。近年来，GitHub Enterprise 已被许多大型 IT 企业所采用。

---

① https://status.github.com/

② https://enterprise.github.com/

● 概述

应用 GitHub Enterprise 等同于将 GitHub 的所有服务全部搬到了企业内部，同时也不再限制非公开仓库的创建。另外作为面向企业的功能，账户管理可以与 LDAP/CAS 集成。但要注意，这一服务需要根据用户数以年为单位购买许可证[①]。

GitHub 的功能升级时 GitHub Enterprise 也会接到相应通知。升级通知会发送给管理者，管理者可以任选时间将 GitHub Enterprise 切换至维护模式，暂停其全部服务并进行升级。

因为升级时只需上传 GitHub Enterprise 文件及 License 文件，所以通过浏览器便可完成操作。不过由于升级过程中 GitHub Enterprise 所有的服务都会暂停，所以企业内部要事先进行协调。根据笔者的经验，暂停服务进行升级的整个过程大概需要 10 分钟。

GitHub Enterprise 的技术支持十分到位，工作日从上午 10 时至下午 6 时（太平洋标准时间）都有人负责回答。根据官网的描述，通常问题会在 1 个工作日内处理，GitHub Enterprise 崩溃及无法运行等紧急情况会在 30 分钟内回复[②]。笔者也曾数次使用普通技术支持，最快一次只过了 4 分钟便收到了回复，让人颇有好感。

● 引入的好处

如果各位所在的企业是拥有大量程序员的国际型大企业，那么引入 GitHub Enterprise 将会带来巨大的收益。正如 GitHub 构筑了一个公开的社会化编程世界，GitHub Enterprise 可以在企业这个封闭的世界中构筑社会化编程环境。

如果企业内部的开发者们构筑起一个只属于该企业的社会化编程世界，那么这可能会成为企业诞生出更多新产品的契机，或者创造出整个企业通用的便捷新工具。

---

① https://enterprise.github.com/pricing

② https://enterprise.github.com/support

因此，笔者尤其建议拥有大量程序员的企业引入 GitHub Enterprise。

● 引入的弊端

GitHub Enterprise 同样存在弊端，其中最显著的就是运用方面的成本。这里的成本不单指许可证费用等金钱方面的成本，在实际运用时还要为其准备服务器，在服务器中安装 GitHub Enterprise，这些人力成本也必须考虑进去。而且在使用过程中免不了遇到服务器扩容或因故障需要更换等维护作业，而使用 GitHub 的话就不会有这些烦恼。

不过话说回来，肯考虑引入 GitHub Enterprise 的企业必然具有一定的规模。这些企业内部或多或少都有自己的服务器或计算机需要维护，仅仅多一台 GitHub Enterprise 服务器对他们来说也不会有太多的成本提升。

● 适合引入 GitHub Enterprise 的几种情况

各企业引入 GitHub Enterprise 的理由各不相同，我们在这里介绍其中几个典型的情况给各位。如果各位所在的企业符合下述情况之一，不妨将采用 GitHub Enterprise 一事提上讨论日程。

●……… 源代码不可外传

在某些企业看来，源代码是属于企业的财产，不应该放到企业外部的网络上。这些企业适合采用 GitHub Enterprise。

我们在使用 GitHub 时，虽然所有通信都经过 HTTPS 或 SSH 等协议的加密，但这仍无法改变源代码在网络上传输的事实。此外，源代码还要交由 GitHub 方进行保管。无论 GitHub 公司内部的管理多么严格，在很多企业看来仍然存在安全风险。

但是如果采用了 GitHub Enterprise，在企业内部网络中为其搭设一台服务器，就可以在隔绝外部网络的防火墙内侧构筑起一个独立的世界，并且拥有 GitHub 的所有功能。这样一来，从网络面来看，源代码可以像以前一样通过代码仓库进行管理，避免了多余的安全风险。

Column

专栏：将 GitHub的仓库作为 Subversion仓库使用

Subversion[注a] 作为一个热门版本管理系统，一直以来被大量系统所采用。相信很多读者之前也一直在使用 Subversion。GitHub 从名字上看总让人误以为其只支持 Git，但实际上 Subversion 也可以使用 GitHub。

```
$ svn checkout https://github.com/用户名/仓库名
```

上述命令可以以 Subversion 仓库的形式将 GitHub 端的仓库 checkout，提交操作也可以用类似方法进行，提交的修改内容会像往常一样反映在 GitHub 上。

如果在开发过程中需要长期使用的系统仅支持 Subversion，那么可以通过上述方法在 GitHub 上集中管理 Subversion 仓库。

注 a　http://subversion.apache.org/

从这一观点可以看出，应用 GitHub Enterprise 的一般都是大型企业。

●……… 希望维护与故障时间可控

关于 GitHub 系统维护与故障的相关注意事项，我们已经在本章的“注意维护时间”和“查看故障信息”两部分中为大家进行了介绍。由于 GitHub 是服务的提供方，所以维护与故障都不受我们控制。如果选用了 GitHub Enterprise，则可以在某种程度上控制这两点。

如果正在开发的软件必须要在既定时间发布，那么使用 GitHub Enterprise 就能降低维护与故障的干扰。当然，我们无法完全避免 GitHub Enterprise 服务器自身故障导致停机等情况的发生，所以这类需要准时发布的软件仍需事先制定备用发布方案，以防 GitHub 或 GitHub Enterprise 在关键时刻出现问题。

10.3 能实现 Git 托管的软件

有一些开源软件拥有与 GitHub 相类似的功能。

例如下面几种都比较常用。

- GitBucket[①]
- GitLab[②]
- Gitorious[③]
- RhodeCode[④]

如果想免费创建与 GitHub 类似的协作开发环境，那么选择上述类型的软件不失为一个好办法。不过，这些软件虽然提供了与 GitHub 类似的功能，但毕竟不是 GitHub 本身，所以在使用之前要先确认其是否包含自己需要的功能。

这类软件都有自己的 UI，所以在熟悉操作时需要花费一些学习成本。另外，在运用方面虽然省去了购买的开销，但软件终究无法提供 GitHub 的所有便捷服务，导致开发者在开发过程中需要时常注意其与 GitHub 的不同之处。因此，如果要追求效率，还是建议选择 GitHub。

Column

专栏：Bitbucket

Bitbucket 是 Atlassian 公司提供的一项服务[注a]，它所提供的功能与 GitHub 几乎完全相同。接触过 GitHub 的用户在使用 Bitbucket 时不必学习新的概念，但由于 UI 上的区别，所以需要一个习惯的过程。

注 a https://bitbucket.org/

① https://github.com/takezoe/gitbucket

② http://gitlabhq.com

③ https://gitorious.org/gitorious

④ https://rhodecode.com/

当初该服务主要为分散型版本管理系统 Mercurial[注b] 提供仓库托管服务，目前已经开始支持 Git。

该服务对每个账户的仓库数量及单个仓库的容量都没有限制，而且公开与私有仓库都可以免费创建。

可随意创建私有仓库这点确实很吸引人，但非公开仓库的可访问用户数需要付费购买。免费的情况下只允许 5 名用户拥有访问权限，多人共用一个仓库时势必需要支付一定费用。这方面详细信息请参考官方网站[注c]。

如果源代码仅供个人或有限几人使用，那么 Bitbucket 要比 GitHub 更能节省开支。

注 b　http://mercurial.selenic.com/

注 c　https://bitbucket.org/plans

10.4 小结

本章就企业导入 GitHub 时需要了解及考虑的问题进行了讲解。

GitHub 给 OSS 世界的软件开发带来了变革，同样，它也一定能为各位所在企业的软件开发带来新的理念。以软件开发为主的企业不妨积极导入 GitHub，加以尝试。

附录A

支持GitHub的GUI客户端

在企业中引入 GitHub 后，势必会有一些人不习惯 CLI 的操作。下面我们为这些读者介绍几款简单易用的 Git 的 GUI 客户端。

相较于不常接触的 CLI 而言，GUI 客户端更容易入门。但要想做到运用自如，必须先理解 Git 的 clone、push、pull、合并等基本概念。建议各位读者在阅读本书的同时，尽量实际动手操作 GUI 客户端，以便加深记忆。

A.1　GitHub for Mac，GitHub for Windows

GitHub 公司提供了 Git 客户端来辅助用户使用 GitHub。该客户端有 Mac 版（图 A.1）[①] 和 Windows 版（图 A.2）[②] 两个版本。两个客户端提供的功能基本相同，只是由于 OS 不同，所以 UI 有些许差异。

图 A.1　GitHub for Mac

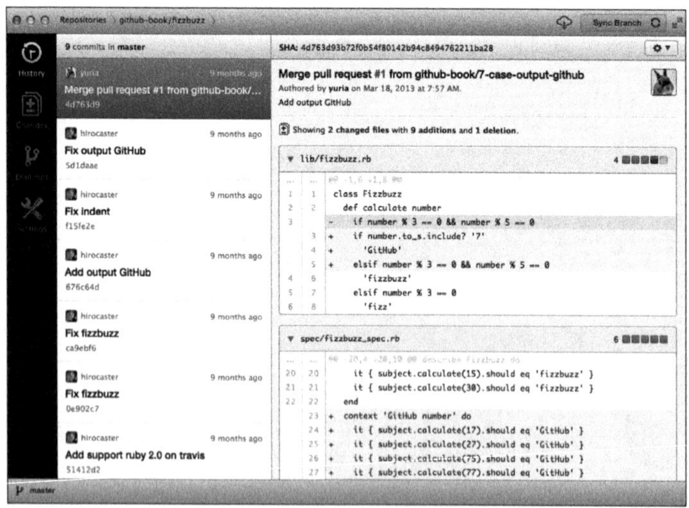

---

① https://mac.github.com/

② https://windows.github.com/

图 A.2 GitHub for Windows

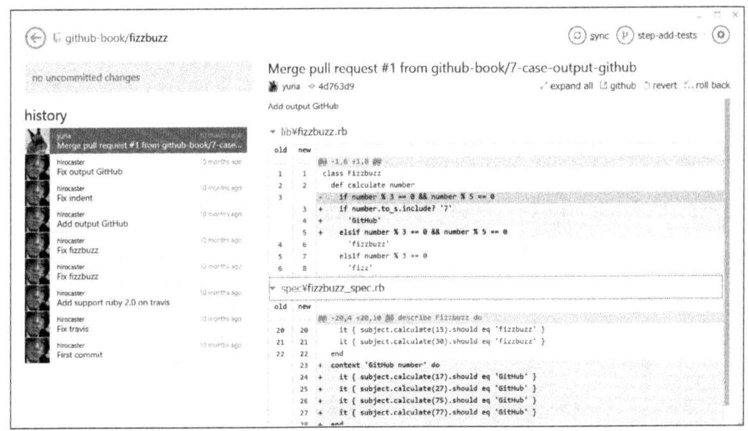

这两个客户端都提供如下功能。

- 从 GitHub 端 clone 仓库
- 显示仓库的历史记录
- 提交仓库的修改内容
- 切换分支
- 向 GitHub 端进行 push

另外，Mac 版还提供以下功能。

- 将通知发送至通知中心
- 与 GitHub Enterprise 集成

Mac 客户端支持操作系统的通知中心功能，即使不通过 Mac 客户端对 GitHub 进行操作，我们也可以打开该应用程序，来实时地从 GitHub 获取通知并显示到通知中心，非常方便。

这两个客户端不必进行繁琐的设置便可使用基本功能，非常适合团队中的设计师等并非是程序员的人使用。各位在决定是否安装之前不妨先尝试一下。

A.2 SourceTree

Atlassian 公司为用户提供了一款名为 SourceTree（图 A.3）[①] 的应用程序。这一应用程序同时支持 Git 与 Mercurial，并且可以与 Atlassian 公司提供的 Bitbucket 以及内部部署中使用的 Stash[②] 进行集成。

图 A.3 SourceTree

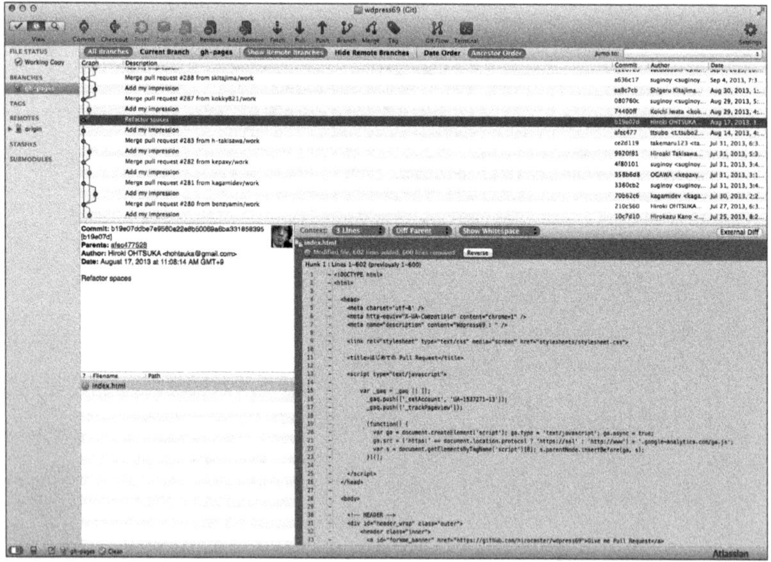

SourceTree 除了提供与 GitHub 官方客户端相同的功能之外，还可以为我们在 9.9 节中讲解的 git-flow 提供支持。如果各位所在的团队采用了 git-flow，那么相对于 GitHub 的官方客户端，使用 SourceTree 能获得更好的效果。

---

① http://www.sourcetreeapp.com/

② https://www.atlassian.com/software/stash

附录B

通过Gist轻松实现代码共享

Gist[1] 是一款简单的 Web 应用程序，常被开发者们用来共享示例代码和错误信息。开发者在线交流时难免会涉及软件日志的内容，但直接发送日志会占据很大的篇幅，给交流带来不便。这种情况下，笔者习惯把日志粘贴到 Gist，然后将 URL 发送给对方。

此外，Gist 还可以用在如下场合。

- 代替记事本记录简短代码段
- 给对方发送示例代码

使用 Gist 处理这类情况可以省去不少麻烦。

B.1 Gist 的特点

Gist 最大的特点是可以与其他人轻松分享示例代码。它使用 JavaScript 编写的 Ace[2] 编辑器，只需打开浏览器便可编写简单代码。

另外，Gist 中的文档都在版本管理系统的管理之下，用户可以放心编辑。而且由于其版本历史记录保管在 Git 仓库中，所以还可以通过 clone 操作将 Gist 获取至本地。共享 Gist 的人之间能够互相添加评论，所有交流都会被记录下来。

Gist 支持多种语言的语法高亮，可以大幅增强代码可读性。可以说，这一工具就是专为程序员设计的。

B.2 创建 Gist

下面我们通过实际演示为各位讲解 Gist。各位可以登录 GitHub 后点击上部菜单中的 Gist 或者直接访问 Gist 的 URL。随后我们可以看到

① https://gist.github.com/

② http://ace.c9.io/

如图 B.1 中所示的页面。

图 B.1 Gist 的首页

● UI 讲解

接下来我们就各个项目分别进行讲解。

●……… 1 Gist description...

头像右侧的这个文本框用来对当前 Gist 所包含的文件进行简要的说明。说明内容应尽量简明扼要，让自己一看就知道是什么。当然，阅览者也能看到这里的信息。

此项目并不是必填项，所以如果内容没有值得说明的地方，这一项大可不必填写。

●……… 2 name this file...

这一项可供用户指定文件名。系统能够自动识别扩展名，将右侧的语言自动设置为对应种类。比如我们输入“hello_gist.rb”，语言会自动设置为 Ruby。

此项目不是必填项，缺省状态下会以“gistfile1. 扩展名”的形式自动分配名称。

3 language

这里可以给要创建的文件选择编程语言。如果前面没有指定文件名，那么缺省名称的扩展名将以这个设置为准。另外，文件中的代码会按照这里设置的语言进行语法高亮。

下拉菜单中可以搜索语言（图 B.2），各位请选择适当的语言进行设置以提高可读性。

如果不更改设置，则文件默认为文本格式。

图 B.2 查找编程语言

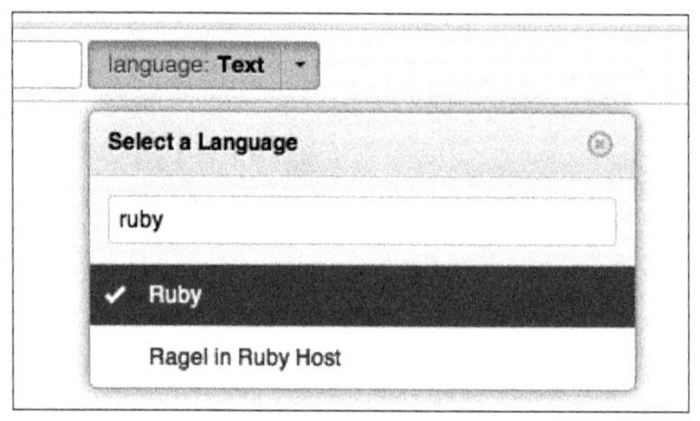

4 ACE Editor

该复选框可以指定 Ace 是否有效。没有特殊情况还是建议各位设置为有效。这样一来，录入文件内容时就可以像普通编辑器一样进行插入 tab 等操作了。

右侧是缩进的设置，可以选择用空格缩进还是 Tab 缩进。再右边是选择缩进幅度的下拉菜单。

5 文件

这个文本框用来编辑文件的内容，可以手动编写也可以从剪贴板粘贴。与我们常用的编辑器或 IDE 相同，这里的文件内容会根据所选语言即时语法高亮。（图 B.3）

如图 B.4 所示，Gist 可以将 Markdown 语法的标题以及编程语言的方法或函数折叠起来，以大纲形式显示内容。

图 B.3 语法高亮

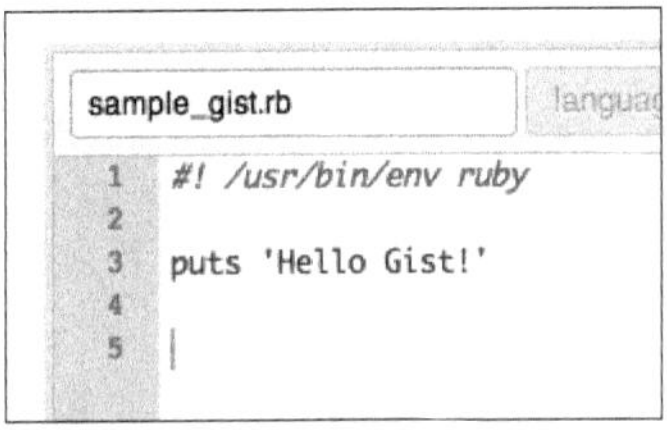

sample_gist.rb

```
#! /usr/bin/env ruby

puts 'Hello Gist!'

```

图 B.4 大纲形式

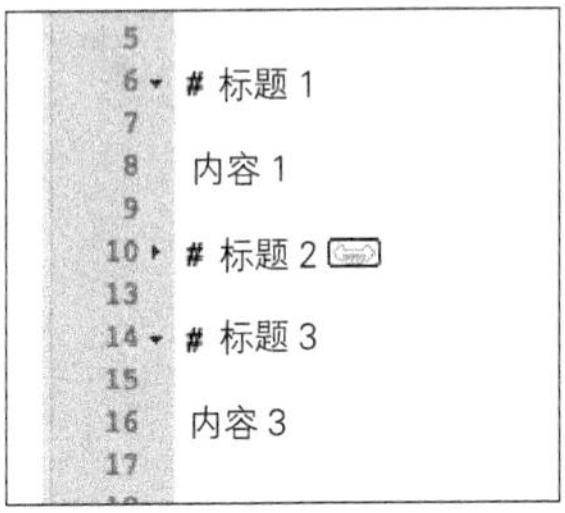

```
# 标题 1

内容 1

# 标题 2
# 标题 3

内容 3
```

●……… 6 Add another File

一个 Gist 中可以包含多个文件。点击这个按钮可以在下方添加新的文件信息录入框，供用户添加更多文件。

●……… 7 Create Secret Gist

通过这个按钮创建的 Gist 不会被公开，只有知道其 URL 的人可以阅览相关内容。使用这个方法能保证 Gist 只与特定几人共享。不过，此 Gist 的 URL 一定要妥善保管。

●……… 8 Create Public Gist

以当前内容创建 Gist。在 Discover Gists[①] 上也可以看到创建好的 Gist。每个 Gist 在创建时都会被自动分配一个 URL。例如

https://gist.github.com/hirocaster/8374839

① https://gist.github.com/discover/

我们可以通过这一 URL 与其他开发者共享该 Gist。

B.3 查看 Gist

这一节我们将从 Gist 读者的角度出发进行讲解。已创建的 Gist 如图 B.5 所示。

图 B.5 已创建的 Gist

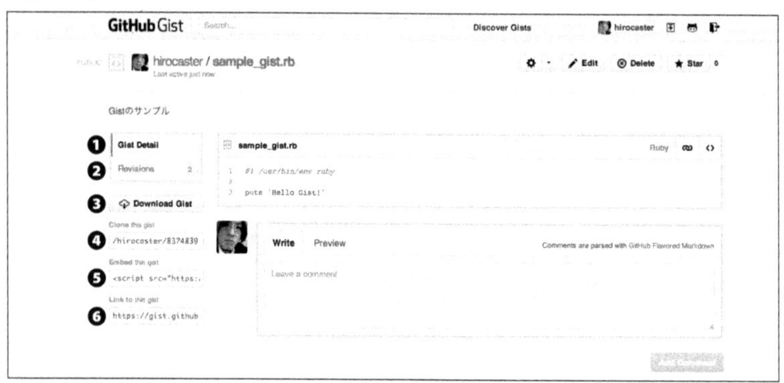

登录 Github 后可以在 Gist 中添加评论。当然也可以对自己的 Gist 进行编辑。

● Gist 的菜单

Gist 页菜单的右侧部分有两种模式，在自己的 Gist 下（图 B.6）与其他人的 Gist 下（图 B.7）显示的内容有所不同。

图 B.6 自己创建的 Gist 的菜单

图 B.7 其他人创建的 Gist 的菜单

在自己的 Gist 中有 Edit（编辑）和 Delete（删除）按钮。

在两者共有的 Advanced Options 中，可以通过 Report as Abuse 来举报不良的 Gist 内容。将 Gist 标记为 Star 后，可以在 Your Gists 的 Starred 页快速找到这一 Gist。Your Gists 的相关内容我们将在后面讲到。

在其他人的 Gist 下有 Fork 按钮，用户可以根据其他人的 Gist 创建自己的 Gist。但是这个 Fork 与 GitHub 不同，不可以进行 Pull Request。

下面我们就 Gist 的每个页面进行讲解。

❶ Gist Detail

访问 Gist 的 URL 时会显示这个页面。在这里可以查看 Gist 的文件内容以及评论等详细信息。

❷ Revisions

可以查看 Gist 的变更历史记录及差别。

❸ Download Gist

将 Gist 以 tar.gz 格式下载。

❹ Clone this gist

显示 clone 所需的路径。如果是自己的 Gist，在本地编辑后还可以进行 push 等操作。

❺ Embed this gist

显示将 Gist 分享至博客时所需的 HTML。各位想在博客上分享语法高亮的代码时可以利用这一功能。

❻ Link to this gist

显示当前 Gist 的 URL。分享 Gist 时可以直接将这个 URL 告诉对方。

● 文件的菜单

各文件上方都有如图 B.8 所示的菜单，从左至右依次是文件名，指定的语言种类，永久链接，raw 的链接。如果想将 Gist 中的一个文件获取到本地，使用永久链接会比较便捷。

图 B.8 文件的菜单

B.4 Your Gists

点击 Gist 首页右上角的 Your Gists 按钮或者直接访问 URL 都可以进入 Your Gists 页面[①]。在这里可以查看自己的 Gist 列表。

图 B.9 Your Gists 页面

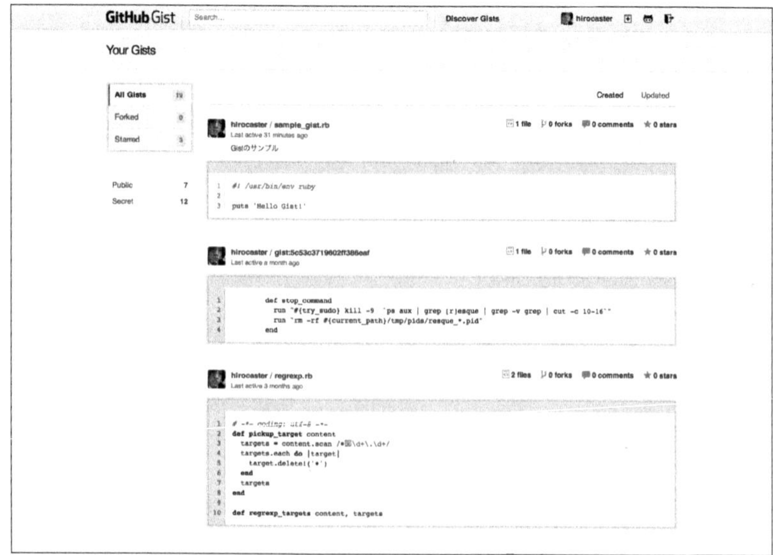

① https://gist.github.com/用户名/

左侧菜单的 Forked 选项中显示通过 Fork 创建的 Gist，Starred 选项中显示已经标记 Star 的 Gist。文字右侧的数字代表每一类中 Gist 的数量。

B.5 小结

本部分中我们对 Gist 进行了讲解。通过这款应用，我们可以轻松共享笔记、错误信息以及一些没必要放入仓库的代码片段。各位不妨在日常中多加利用，与其他人共享琐碎信息。

版 权 声 明

图灵教育

站在巨人的肩上

Standing on the Shoulders of Giants

图灵教育

站在巨人的肩上

Standing on the Shoulders of Giants